概率论与数理统计

崔向照　李　春　主编

科　学　出　版　社
北　京

内 容 简 介

本书主要介绍概率论与数理统计的基本概念、基本原理和基本方法，注重可读性，突出基本思想，适当淡化技巧，力求简明清晰. 内容包括：随机事件与概率、随机变量及其分布、二维随机变量及其分布、随机变量的数字特征、大数定律与中心极限定理、数理统计的基础知识、参数估计、假设检验、方差分析与回归分析，其中标星号的章节可根据实际需要选学.

本书可供高等院校经济类、管理类和其他非数学类专业的学生使用，也可作为相关专业学生的教学参考书.

图书在版编目(CIP)数据

概率论与数理统计/崔向照，李春主编　—北京：科学出版社，2016.6
ISBN 978-7-03-047979-2

Ⅰ. ①概…　Ⅱ. ①崔…　②李…　Ⅲ. ①概率论-高等学校-教材②数理统计-高等学校-教材　Ⅳ. ①O21

中国版本图书馆 CIP 数据核字 (2016) 第 064146 号

责任编辑：王胡权／责任校对：邹慧卿
责任印制：赵　博／封面设计：迷底书装

科学出版社出版
北京东黄城根北街 16 号
邮政编码：100717
http://www.sciencep.com
中煤（北京）印务有限公司印刷
科学出版社发行　各地新华书店经销
*
2016 年 6 月第　一　版　开本：720 × 1000 1/16
2025 年 1 月第七次印刷　印张：9
字数：181 000
定价：26.00 元
(如有印装质量问题，我社负责调换)

前　言

概率论与数理统计的很多思想、方法已被广泛地应用到经济、交通、医学、气象等各个与人们生活息息相关的领域, 运用抽样数据进行推断已经成为现代社会一种普遍适用并且强有力的思考方式. 但随着我国高等教育从“精英型教育”向“大众化教育”转化, 教育规模的迅速扩大, 给我国大学教育带来了一系列的问题. 例如, 现阶段大学的教育正面临生源录取分数下降、教学课时减少、教学内容增加、对学生实践能力的培养要求提高等一系列似乎矛盾的问题.

本书力求在保持体系完整的前提下, 尽可能地弱化理论的推导, 强化概率论与数理统计的思维训练和知识的实际应用. 在表述上由浅入深, 由易及难, 由具体到抽象, 使得难点分散, 便于教学. 在选材和编排上, 充分考虑不同层次学生对课程的学习需求, 有较大的灵活性. 全部教学内容按 54 学时设计和安排, 其中打上“*”号的内容作为选讲内容, 可根据学时安排进行取舍; 在习题安排中, 有针对性地安排了 A, B 两组习题, A 组习题是为巩固教材中涉及的知识而安排的, B 组习题是为学有余力的学生准备参加研究生考试而安排的.

本书一共由 9 章组成, 第 1~5 章主要安排概率论的基础知识及内容, 包含随机事件与概率、随机变量及其分布、二维随机变量及其分布、随机变量的数字特征、大数定理与中心极限定理; 第 6~9 章主要安排了数理统计的基础知识及内容, 包含数理统计的基础知识、参数估计、假设检验、方差分析与回归分析, 适用于经济类、管理类本科各专业学生, 也可供非数学类专业的学生作为学习和参考使用.

本书第 1 章由陈灿编写, 第 2, 3 章由崔向照编写, 第 4, 5 章及附录由李春编写, 第 6, 7 章由赵金娥编写, 第 8, 9 章由曾黎编写, 全书由崔向照进行统稿.

本书在编写时参考了大量的相关教材和文献资料, 并选用了某些内容和习题, 在此一并向相关作者表示感谢!

由于编者水平有限, 书中难免存在疏漏之处, 恳请各位同仁批评指正.

编　者

2015 年 6 月 30 日

目　　录

第 1 章　随机事件与概率

1.1　随机事件及其运算

1.1.1　随机现象

自然界中存在两类现象, 一类是在一定条件下必然出现某一种结果的现象, 称为**确定性现象 (必然现象)**, 例如, 异性电荷会相互吸引; 水在标准大气压下加热到 100°C 沸腾; 在自然状态下, 水从高处往低处流淌等. 另一类是在一定条件下并不总出现相同结果的现象, 称为**随机现象**, 例如, 在抛掷一枚均匀硬币时, 不能事先预知出现正面还是反面; 在股票交易中不能预知下一个交易日某只股票的价格; 在生育前, 不能预知生男孩还是生女孩等.

虽然随机现象在一定条件下可能出现不同的结果, 并且在每次观测前不能预知出现哪个结果, 但经过长期、反复地观测, 人们发现所谓的 “不能预知” 只是对一次或少数几次观测而言的. 当在相同条件下进行重复试验和观测时, 试验结果就会出现某种规律性, 例如, 大量重复地抛掷一枚均匀硬币, 随着抛掷次数的增加, 出现正面的频率会逐渐稳定在 0.5. 随机现象的这种在大量重复试验中呈现出来的规律性称之为**统计规律性**. 概率论与数理统计就是研究和揭示随机现象统计规律的数学学科.

1.1.2　随机试验与样本空间

为了研究随机现象的统计规律, 需要对随机现象在相同条件下进行重复观测, 我们称这种观测为**随机试验**, 记为 E. 下面是一些试验的例子.

(1) 向一个靶射击, 对射击环数进行观测;

(2) 抛一枚硬币, 对出现正面和反面情况进行观测;

(3) 掷一枚骰子, 对出现点数的情况进行观测;

(4) 考察一批炮弹的质量, 对不爆炸的炮弹数进行观测;

(5) 观测某一种品牌手机的使用寿命.

从上面的试验可以发现随机试验具有以下特点:

(1) 试验在相同条件下可以重复进行;

(2) 每次试验的结果不止一个, 但事先明确知道试验的所有可能结果;

(3) 在试验前不能确定哪个结果会出现.

随机试验的每一个可能结果称为**样本点**, 记为 ω; 所有样本点构成的集合称为**样本空间**, 记为 $\Omega=\{\omega\}$, 样本空间通常分为两类. 若样本空间中样本点的个数为有限个或可列个, 则称为**离散样本空间**; 若样本空间中样本点的个数为无限不可列个, 则称为**连续样本空间**.

例如, 在上述试验中, 相对应的样本空间分别为 $\Omega=\{0,1,2,\cdots,10\}$, $\Omega_2=\{$正, 反$\}$, $\Omega_3=\{1,2,3,4,5,6\}$, $\Omega_4=\{0,1,2,3,\cdots,n\}$, $\Omega_5=\{t|\ t\geqslant 0\}$, 其中 Ω_1, Ω_2, Ω_3, Ω_4 是离散样本空间, Ω_5 为连续样本空间.

1.1.3　随机事件

样本空间 Ω 中的某些样本点组成的集合称为**随机事件**, 常用 A, B, C, $\cdots$ 表示, 它是 Ω 的子集. 若某随机事件中的样本点只有一个, 则称该事件为**基本事件**; 若某随机事件在一次试验中一定发生, 则称该事件为**必然事件**, 记为 Ω; 若某随机事件在一次试验中一定不发生, 则称该事件为**不可能事件**, 记为 $\varnothing$.

例如, 在抛掷一枚骰子的试验中, 其样本空间为Ω=$\{1,2,3,4,5,6\}$, 而 A=$\{1,3,5\}$ 是一个事件, $B=\{1\}$ 是一个基本事件, Ω 是一个必然事件, $\varnothing$ 是一个不可能事件.

若事件 A 中的某个样本点出现了, 则说事件 A 发生了.

例如, 在抛掷一枚骰子的试验中, 事件 $A=\{2,4,6\}$ 表示出现偶数点, 当抛掷结果出现了 2, 4, 6 中的任何一个点数时, 我们都认为出现偶数点这一事件即 A 发生了.

1.1.4　事件的关系及运算

由于事件 A 是样本空间 Ω 的一个子集, 因此事件的关系及运算可按集合间的关系及运算来处理.

1. 包含关系

若属于 A 的样本点必属于 B, 则称A **包含于** B或称B **包含** A, 记为 $A\subset B$ 或 $B\supset A$, 用概率论语言描述为：事件 A 发生必然导致事件 B 发生.

例如, 在抛掷一枚骰子的试验中, $A=\{4\}$, $B=\{2,4,6\}$, 则有 $A\subset B$, 对任意事件 A, 一定有 $\varnothing\subset A\subset\Omega$.

2. 相等关系

若事件 A 与 B 相互包含, 则称事件 A 与 B **相等**, 记为 $A=B$.

例如, 在抛掷一枚骰子的试验中, $A=\{1,3,5\}$, $B=\{$奇数$\}$, 则 $A=B$.

3. 互不相容

若 A 与 B 没有相同的样本点, 则称 A 与 B **互不相容**. 用概率论语言描述为:

事件 A 与 B 不可能同时发生.

例如, 在抛掷一枚骰子的试验中, $A=\{3,5\}$, $B=\{2,4,6\}$, 则 A 与 B 互不相容.

4. 事件的并

由属于 A 或属于 B 的样本点构成的集合, 称为事件 A 与 B 的**并**, 记为 $A\cup B$. 用概率论语言描述为: 事件 A 与 B 至少有一个发生.

例如, 在抛掷一枚骰子的试验中, $A=\{1,3,5\}$, $B=\{1,2,3\}$, 则 $A\cup B=\{1,2,3,5\}$.

类似地, n 个事件 A_1, A_2, $\cdots$, A_n 中至少有一个发生, 称为 A_1, A_2, $\cdots$, A_n 的**并**, 记为 $\bigcup\limits_{i=1}^{n} A_i$; 可列个事件 A_1, A_2, $\cdots$ 中至少有一个发生, 则称为 A_1, A_2, $\cdots$ 的**并**, 记为 $\bigcup\limits_{i=1}^{+\infty} A_i$.

5. 事件的交

由既属于 A 又属于 B 的样本点构成的集合, 称为事件 A 与 B 的**交**, 记为 AB. 用概率论语言描述为: 事件 A 与 B 同时发生.

例如, 在抛掷一枚骰子的试验中, $A=\{1,3,5\}$, $B=\{1,2,3\}$, 则 $AB=\{1,3\}$.

类似地, n 个事件 A_1, A_2, $\cdots$, A_n 同时发生, 称为 A_1, A_2, $\cdots$, A_n 的**交**, 记为 $\bigcap\limits_{i=1}^{n} A_i$; 可列个事件 A_1, A_2, $\cdots$ 同时发生, 则称为 A_1, A_2, $\cdots$ 的**交**, 记为 $\bigcap\limits_{i=1}^{+\infty} A_i$.

6. 事件的差

由属于 A 但不属于 B 的样本点构成的集合, 称为 A 与 B 的**差**, 记为 $A-B$. 用概率论语言描述为: 事件 A 发生而 B 不发生.

例如, 在抛掷一枚骰子的试验中, $A=\{1,2,3\}$, $B=\{2,4,6\}$, 则 $A-B=\{1,3\}$.

7. 对立事件

事件 A 不发生称为事件 A 的**对立事件**, 记为 $\bar{A}$.

例如, 在抛掷一枚骰子的试验中, $A=\{3,6\}$, 则 $\bar{A}=\{1,2,4,5\}$.

两个事件 A 与 B 互为对立事件的充要条件为 $A\cup B=\varOmega$, $AB=\varnothing$.

显然有 $A-B=A\bar{B}$.

概率论描述与集合论描述对照表如下.

符号	概率论描述	集合论描述
$A \subset B$	事件 A 发生必然导致事件 D 发生	集合 A 是 B 的子集
$A = B$	事件 A 与事件 B 相等	集合 A 与 B 相等
$A \cup B$	事件 A 与 B 至少有一个发生	集合 A 与 B 的并集
AB	事件 A 与 B 同时发生	集合 A 与 B 的交集
$A - B$	事件 A 发生而 B 不发生	集合 A 与 B 的差集
$AB = \varnothing$	事件 A 与 B 不可能同时发生	集合 A 与 B 没有公共元素
$\bar{A}$	事件 A 的对立事件	集合 A 的补集

8. 事件的运算性质

(1) 交换律：$A \cup B = B \cup A$, $AB = BA$;

(2) 结合律：$(A \cup B) \cup C = A \cup (B \cup C)$, $(AB)C = A(BC)$;

(3) 分配律：$(A \cup B)C = (AC) \cup (BC)$, $(AB) \cup C = (A \cup C)(B \cup C)$;

(4) (de Morgan 公式)：$\overline{A \cup B} = \bar{A}\bar{B}$, $\overline{AB} = \bar{A} \cup \bar{B}$, 可推广为 $\overline{\bigcup_{i=1}^{+\infty} A_i} = \bigcap_{i=1}^{+\infty} \bar{A}_i$, $\overline{\bigcap_{i=1}^{+\infty} A_i} = \bigcup_{i=1}^{+\infty} \bar{A}_i$.

例 1.1　设 A, B, C 是三个事件, 则

(1) A 与 B 发生而 C 不发生可表示为 $AB\bar{C}$;

(2) A 发生而 B 与 C 都不发生可表示为 $A\bar{B}\bar{C}$;

(3) 三个事件恰好有一个发生可表示为 $A\bar{B}\bar{C} \cup \bar{A}B\bar{C} \cup \bar{A}\bar{B}C$;

(4) 三个事件恰好有两个发生可表示为 $AB\bar{C} \cup A\bar{B}C \cup \bar{A}BC$;

(5) 三个事件都发生可表示为 ABC;

(6) 三个事件都不发生可表示为 $\bar{A}\bar{B}\bar{C}$;

(7) 三个事件中至少有一个不发生可表示为 $\bar{A} \cup \bar{B} \cup \bar{C}$ 或 $\overline{ABC}$.

1.2　概率的定义及确定方法

随机事件在一次试验中可能发生也可能不发生, 人们希望知道的是随机事件在一次试验中发生的可能性有多大、如何度量? 在概率论与数理统计中, 人们用概率来度量随机事件发生的可能性大小.

在概率论的发展史上, 曾出现过概率的统计定义、古典定义、几何定义和公理化定义, 下面分别介绍它们.

1.2.1　概率的统计定义

定义 1.1　在相同条件下进行 n 次试验, 事件 A 发生的次数 n_A 称为 A 发生的**频数**. 比值 $\dfrac{n_A}{n}$ 称为 A 发生的**频率**, 记为 $f_n(A)$. 易见频率具有以下性质.

(1) **非负性** $0 \leqslant f_n(A)$;

(2) **规范性** $f_n(\Omega) = 1$;

(3) **有限可加性** 若事件 $A_1, A_2, \cdots, A_m$ 两两互不相容, 则

$$f_n\left(\bigcup_{i=1}^{m} A_i\right) = \sum_{i=1}^{m} f_n(A_i).$$

人们长期的实践表明, 随着试验次数 n 的增加, 事件 A 发生的频率 $f_n(A)$ 会逐步稳定到一个常数. 如下表所示, 历史上著名的投硬币试验.

实验者	投硬币次数	出现正面次数	频率
De Morgan	2048	1061	0.5181
Buffon	4040	2048	0.5069
Feller	10000	4979	0.4979
Pearson	12000	6019	0.5016
Pearson	24000	12012	0.5005

随着试验次数的增加, 正面出现的频率逐步稳定到常数 0.5.

定义 1.2 事件 A 发生的频率 $f_n(A)$ 随着试验次数 n 的增加逐步稳定到某个常数 p, 称这个常数 p 为事件 A 发生的**概率**, 记为 $p(A)$.

1.2.2 概率的古典定义

若随机试验满足:

(1) 试验结果只有有限个;

(2) 每个结果发生的可能性相等,

则称这种随机试验为**古典概型**.

定义 1.3 在古典概型中, 若样本空间包含 n 个样本点, 事件 A 包含 k 个样本点, 则事件 A 发生的概率为

$$p(A) = \frac{k}{n}.$$

上述确定概率的方法称为**古典方法**. 用古典方法确定概率的关键是计算 A 包含的样本点数和样本空间包含的样本点数, 因而常常要用到排列组合知识.

例 1.2 n 个人围一圆桌坐, 求甲、乙两人相邻而坐的概率?

解 考虑甲先坐好, 则乙有 $n-1$ 个位置可坐, 而 “甲乙相邻” 只有两种情况, 从而, 所求概率为

$$p(A) = \frac{2}{n-1}.$$

例 1.3 n 个人坐成一排, 求甲、乙两人相邻而坐的概率?

解　(1) 先考虑样本空间的样本点数, 甲先坐、乙后坐, 则共有 $n(n-1)$ 种可能;

(2) 甲在两端, 则乙与甲相邻共有 2 种可能;

(3) 甲在中间 $n-2$ 个位置上, 则乙左右都可坐, 于是共有 $2(n-2)$ 种可能.

因此, 所求概率为

$$p(A)=\frac{2+2(n-2)}{n(n-1)}=\frac{2}{n}.$$

1.2.3　概率的几何定义

若随机试验满足:

(1) 试验结果充满某个可度量的区域;

(2) 每个结果发生的可能性相等,

则称这种随机试验为**几何概型**.

定义 1.4　在几何概型中, 若样本空间的度量为 S_Ω, 事件 A 的度量为 S_A, 则事件 A 发生的概率为

$$p(A)=\frac{S_A}{S_\Omega}.$$

上述确定概率的方法称为**几何方法**. 用几何方法确定概率的关键是将样本空间 Ω 和所求事件 A 对应到一个可度量的空间区域上.

例 1.4　设公共车站每 5 分钟开过一趟车, 而乘客到达车站的时间是任意的, 求每个乘客到车站后等车的时间不超过 3 分钟的概率?

解　记 $A=\{$每个乘客到达车站后等车不超过 3 分钟$\}$. 由于乘客可能在两趟车之间的任一时刻到达, 因而其到达时间落在区间 $[0,5]$ 内; 要使乘客到车站后等车的时间不超过 3 分钟, 其到达时间必须落在区间 $[2,5]$ 内, 于是有样本空间的度量 $S_\Omega=5$, 事件 A 的度量 $S_A=3$, 所以

$$p(A)=\frac{S_A}{S_\Omega}=\frac{3}{5}.$$

例 1.5　甲乙二人相约在 2 点到 3 点之间在某地会面, 约定先到者等候另一人 20 分钟, 过时即可离去. 如果每个人可在指定的一小时内的任意时刻到达, 试求二人能够会面的概率?

解 设 x, y 分别为甲乙二人到达会面地点的时间, 在平面上建立直角坐标系, 如图 1.1 所示, 则样本空间为

$$\{(x,y)|0 \leqslant x \leqslant 60, 0 \leqslant y \leqslant 60\}.$$

记 $A=\{$两人能会面$\}$, 则有

$$A=\{(x,y)|(x,y) \in \Omega \text{且} |x-y| \leqslant 20\},$$

$$\Rightarrow p(A)=\frac{S_A}{S_\Omega}=\frac{60^2-40^2}{60^2}=\frac{5}{9}.$$

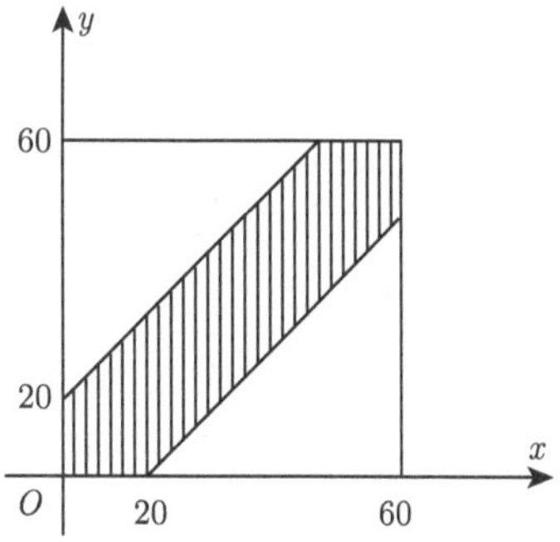

图 1.1 例 1.5 用图

1.2.4 概率的公理化定义

前面讨论的概率的统计定义、古典定义和几何定义都带有一定局限性, 为此, 人们引进概率的公理化定义, 使概率的定义更具有普遍性和严密性.

定义 1.5 设 Ω 是随机试验的样本空间, 若对任意事件 A, 均有唯一的一个实数 $p(A)$ 与之对应, 且 $p(A)$ 满足下列条件:

(1) **非负性** 对任意事件 A, 有 $p(A) \geqslant 0$;

(2) **规范性** $p(\Omega)=1$;

(3) **可列可加性** 若 $A_1, A_2, \cdots$ 是两两互不相容的一列事件, 则有

$$p\left(\bigcup_{i=1}^{+\infty} A_i\right)=\sum_{i=1}^{+\infty} p(A_i),$$

则称 $p(A)$ 为事件 A 发生的**概率**.

由概率的公理化定义出发, 可得到概率具有以下性质:

性质 1.1 $p(\varnothing)=0$.

性质 1.2 若 $A_1, A_2, \cdots, A_n$ 是两两互不相容的事件, 则有

$$p\left(\bigcup_{i=1}^{n} A_i\right)=\sum_{i=1}^{n} p(A_i).$$

性质 1.3 对任意事件 A, 有 $p\left(\bar{A}\right)=1-p(A)$.

性质 1.4 对任意两个事件 A, B, 有 $p(A-B)=p(A)-p(AB)$.

特别地, 若 $B \subset A$, 则有 $p(A-B)=p(A)-p(B)$ 且 $p(A) \geqslant p(B)$.

性质 1.5 对任意事件 A, 有 $0 \leqslant p(A) \leqslant 1$.

性质 1.6 对任意两个事件 A, B, 有 $p(A \cup B)=p(A)+p(B)-p(AB)$.

例 1.6 设 $p(A)=0.5, p(B)=0.3, p(AB)=0.2$, 试求下列概率:

(1) $p\left(\bar{A}\cup\bar{B}\right)$;

(2) $p(A\bar{B})$;

(3) $p(A\cup\bar{B})$.

解　(1) $p(\bar{A}\cup\bar{B})=p(\overline{AB})=1-p(AB)=1-0.2=0.8$;

(2) $p(A\bar{B})=p(A-AB)=p(A)-p(AB)=0.5-0.2=0.3$;

(3) $p(A\cup\bar{B})=p(A)+p(\bar{B})-p(A\bar{B})=0.5+0.7-0.3=0.9$.

例 1.7　已知 $p(B)=0.3$, $p(A\cup B)=0.6$, 求 $p(A\bar{B})$?

解　由于 $p(B)=0.3$ 和 $p(A\cup B)=p(A)+p(B)-p(AB)=0.6$, 因而

$$\begin{aligned}&p(A)-p(AB)=0.3\\ \Rightarrow &p(A\bar{B})=p(A-B)=p(A)-p(AB)=0.3.\end{aligned}$$

1.3　条 件 概 率

1.3.1　条件概率

在实际问题中, 常常要考虑在事件 A 已发生的条件下, 事件 B 发生的概率, 称为**在事件 A 发生的条件下事件 B 发生的条件概率**, 简称**条件概率**, 记为 $p(B|A)$.

例 1.8　考察有两个小孩的家庭, 其样本空间 $\Omega=\{$(男男), (男女), (女男), (女女)$\}$, 在 Ω 中 4 个样本点等可能的情况下, 记 $A=\{$第一个是女孩$\}$, $B=\{$第二个是男孩$\}$, 讨论下列事件的概率.

(1) $p(A)$;　(2) $p(AB)$;　(3) $p(B|A)$.

解　(1) $p(A)=\dfrac{2}{4}$;

(2) $p(AB)=\dfrac{1}{4}$;

(3) $p(B|A)=\dfrac{1}{2}=\dfrac{p(AB)}{p(A)}$.

此关系具有一般性, 于是可得到条件概率的定义.

定义 1.6　设 A, B 是 Ω 中的两个事件, 若 $p(A)>0$, 则称

$$p(B|A)=\frac{p(AB)}{p(A)}$$

为**在事件 A 发生的条件下事件 B 发生的条件概率**, 简称**条件概率**.

不难验证条件概率 $p(B|A)$ 满足概率的三个条件.

例 1.9　一盒子装有 5 件产品, 其中一等品 3 件、二等品 2 件, 从中不放回地任取两次, 每次取一件, 设 $A=\{$第一次取到一等品$\}$, $B=\{$第二次取到一等品$\}$, 求 $p(B|A)$?

解 方法 1: 样本空间的样本点总数为 $\mathrm{P}_5^2 = 20$, 事件 A 包含的样本点数为 $3 \times 4 = 12$ 种取法, AB 包含的样本点数为 $\mathrm{P}_3^2 = 6$ 种取法, 于是

$$p(A) = \frac{12}{20}, \quad p(AB) = \frac{6}{20} \Rightarrow p(B|A) = \frac{p(AB)}{p(A)} = \frac{6/20}{12/20} = \frac{1}{2}.$$

方法 2: 直接在缩小的样本空间上考虑

$$p(B|A) = \frac{2}{4} = \frac{1}{2}.$$

1.3.2 乘法公式

由条件概率的定义可直接得到下述结果.

定理 1.1 对于任意事件 A, B, 若 $p(A) > 0$, 则有 $p(AB) = p(A)p(B|A)$; 若 $p(B) > 0$, 则有 $p(AB) = p(B)p(A|B)$.

上述公式称为概率的**乘法公式**. 该公式可推广到有限多个事件的情形, 例如, 对于三个事件 A_1, A_2, A_3, 若 $p(A_1A_2A_3) > 0$, 则有

$$p(A_1A_2A_3) = p(A_1)p(A_2|A_1)p(A_3|(A_1A_2)).$$

例 1.10 10 个产品中有 7 个正品、3 个次品, 从中无放回地抽取两个, 已知第一个取到次品, 求第二个又取到次品的概率?

解 设 $A=${第一个取到次品}, $B=${第二个取到次品}, 则

$$p(A) = \frac{3}{10}, \quad p(AB) = \frac{1}{15}.$$

于是, 所求概率为

$$p(B|A) = \frac{p(AB)}{p(A)} = \frac{1/15}{3/10} = \frac{2}{9}.$$

例 1.11 一批零件有 100 个, 其中有 10 个不合格品, 从中一个一个取出, 求第三次才取得不合格品的概率?

解 记 $A_i = ${第 i 次取出的是不合格品}$(i = 1, 2, 3)$, 则所求的概率为

$$\begin{aligned} p(\bar{A}_1\bar{A}_2A_3) =& p(\bar{A}_1)p(\bar{A}_2|\bar{A}_1)p(A_3|(\bar{A}_1\bar{A}_2)) \\ =& \frac{90}{100} \times \frac{89}{99} \times \frac{10}{98} = 0.826. \end{aligned}$$

1.3.3 全概率公式

在概率的计算中, 人们常常希望通过已知简单事件的概率去求未知的复杂事件的概率, 为此, 需将复杂事件分解为若干个简单事件, 计算出每个简单事件的概率, 再利用概率的性质计算出复杂事件的概率. 下面介绍一种基本的分解方法.

定义 1.7　若事件 $A_1, A_2, \cdots, A_n$ 满足

(1) $A_iA_j = \varnothing(i, j = 1, 2, \cdots, n$ 且 $i \neq j)$;

(2) $\bigcup\limits_{i=1}^{n} A_i = \Omega$,

则称 $A_1, A_2, \cdots, A_n$ 为 Ω 的一个**完备事件组**.

定理 1.2 (全概率公式)　若 $A_1, A_2, \cdots, A_n$ 为 Ω 的一个完备事件组, 则对任意的事件 B, 有

$$p(B) = \sum_{i=1}^{n} p(A_i)p(B|A_i).$$

全概率公式最简单的形式为

$$p(A) = p(B)p(A|B) + p(\bar{B})p(A|\bar{B}).$$

例 1.12　设 10 件产品中有 3 件不合格品, 从中无放回地取两次, 每次一件, 求取出的第二件为不合格品的概率?

解　设 A ={第一次取得不合格品}, B ={第二次取得不合格品}, 则由全概率公式得

$$\begin{aligned}p(B) =& p(A)p(B|A) + p(\bar{A})p(B|\bar{A}) \\ =& \frac{3}{10} \times \frac{2}{9} + \frac{7}{10} \times \frac{3}{9} = \frac{3}{10}.\end{aligned}$$

例 1.13　某工厂有甲、乙、丙三个车间生产同一批产品, 三个车间的产量分别占总产量的 40%, 30%, 30%, 其产品的合格率分别为 0.96, 0.95, 0.90, 求从这批产品中任取一件是不合格品的概率?

解　用 A_1, A_2, A_3 分别表示产品由甲、乙、丙三个车间生产, B 表示取到的产品是不合格品, 则 A_1, A_2, A_3 构成完备事件组, 从而

$$\begin{aligned}p(B) =& p(A_1)p(B|A_1) + p(A_2)p(B|A_2) + p(A_3)p(B|A_3) \\ =& 0.4 \times 0.04 + 0.3 \times 0.05 + 0.3 \times 0.1 = 0.061.\end{aligned}$$

1.3.4　贝叶斯公式

全概率公式解决的问题是借助于一个完备事件组 $A_1, A_2, \cdots, A_n$ 来计算某事件 B 发生的概率, 而下面的公式则刚好相反, 是在已知某个事件 B 发生的条件下, 求完备事件组中某个事件 A_i 发生的条件概率.

定理 1.3 (贝叶斯公式)　设 $A_1, A_2, \cdots, A_n$ 为一完备事件组, 对任意事件 B, 若 $p(B) > 0$, 则有

$$p(A_i|B) = \frac{p(A_i)p(B|A_i)}{\sum\limits_{j=1}^{n} p(A_j)p(B|A_j)}.$$

若把 A_i 看作是事件 B 发生的各个原因 (或条件), 则该公式描述的是：已知出现了事件 B, 要求出事件 B 产生的各个原因 (或条件)A_i 的概率.

例 1.14 在例 1.13 中, 若已知抽到的一件产品是不合格品, 问这件不合格品是由哪个车间生产的可能性大?

解 在例 1.13 的记号下, 有

$$p(A_1|B)=\frac{p(A_1)p(B|A_1)}{\sum\limits_{j=1}^{3}p(A_j)p(B|A_j)}=\frac{0.4\times0.04}{0.4\times0.04+0.3\times0.05+0.3\times0.1}=0.2623,$$

$$p(A_2|B)=\frac{p(A_2)p(B|A_2)}{\sum\limits_{j=1}^{3}p(A_j)p(B|A_j)}=\frac{0.3\times0.05}{0.4\times0.04+0.3\times0.05+0.3\times0.1}=0.2459,$$

$$p(A_3|B)=\frac{p(A_3)p(B|A_3)}{\sum\limits_{j=1}^{3}p(A_j)p(B|A_j)}=\frac{0.3\times0.1}{0.4\times0.04+0.3\times0.05+0.3\times0.1}=0.4918.$$

由于 $p(A_3|B)$ 最大, 故认为这件不合格品是由第三车间生产的可能性大.

例 1.15 甲胎蛋白免疫检测法被普遍应用于肝癌的普查和诊断. 记 $A=\{$肝癌患者$\}$, $B=\{$检测反应为阳性$\}$, 已知 $p(B|A)=0.94$, $p(B|\bar{A})=0.04$, 由统计数据知, 人群中肝癌的发病率一般为 $p(A)=0.0004$, 现有一人检测结果为阳性, 问该人患肝癌的概率是多大?

解 该人患肝癌的概率为

$$\begin{aligned}p(A|B)&=\frac{p(A)p(B|A)}{p(A)p(B|A)+p(\bar{A})p(B|\bar{A})}\\&=\frac{0.0004\times0.94}{0.0004\times0.94+0.9996\times0.04}=0.0093.\end{aligned}$$

即该人患肝癌的概率只有 0.93%, 连 1%都不到.

$p(A|B)$ 不大的原因是人群中肝癌的发病率非常低, 仅有 0.0004, 因而在对稀有病例的普查中, 一次检测为阳性者, 其实际患此病的概率并不大.

1.4 事件的独立性

1.4.1 事件的独立性

一般情况下 $p(B|A)\neq p(B)$, 这表明事件 A 的发生对事件 B 发生的概率产生了影响. 但在许多实际问题中, 常常会遇到两个事件的发生互相不影响的情况, 即

$p(B|A) = p(B)$, 此时, 由乘法公式可得

$$p(AB) = p(A)p(B|A) = p(A)p(B).$$

因而可用上式作为两个事件相互独立的定义.

定义 1.8　若随机事件 A, B 满足

$$p(AB) = p(A)p(B),$$

则称事件 A 与 B **相互独立**, 简称事件 A 与 B **独立**.

定理 1.4　若随机事件 A 与 B 相互独立, 则随机事件 A 与 $\bar{B}$, $\bar{A}$ 与 B, $\bar{A}$ 与 $\bar{B}$ 也相互独立.

独立性的概念可推广到有限多个事件的情形, 例如, 对于三个随机事件 A, B, C, 若同时满足

$$p(AB) = p(A)p(B);$$

$$p(AC) = p(A)p(C);$$

$$p(BC) = p(B)p(C);$$

$$p(ABC) = p(A)p(B)p(C),$$

则称随机事件 A, B, C **相互独立**, 若只有前三个等式成立, 则称 A, B, C **两两独立**.

例 1.16　两射手独立地向同一目标射击一次, 其命中率分别为 0.9 和 0.8, 求目标被击中的概率?

解　设 A ={甲射中目标}, B ={乙射中目标}, C ={目标被击中}, 所以

$$\begin{aligned} p(C) &= p(A \cup B) = p(A) + p(B) - p(A)p(B) \\ &= 0.9 + 0.8 - 0.9 \times 0.8 = 0.98. \end{aligned}$$

1.4.2　伯努利概型

定义 1.9　若随机试验 E 只有两种可能结果: A, $\bar{A}$, 则称 E 为**伯努利试验**; 将伯努利试验在相同条件下独立地重复进行 n 次, 则称这一串重复的独立试验为 n**重伯努利试验**.

定理 1.5 (伯努利定理)　设在一次试验中, 事件 A 发生的概率为 $p(0 < p < 1)$, 则在 n 重伯努利试验中, 事件 A 恰好发生 k 次的概率为

$$p_n(k) = \mathrm{C}_n^k p^k q^{n-k},$$

其中 $q = 1 - p$; $k = 0, 1, 2, \cdots, n$.

例 1.17 某射手射击的命中率为 0.8, 现独立向某目标射击 5 次, 求至少命中 3 次的概率?

解 设 $A_i=\{$命中目标 i 次$\}$, $B=\{$至少命中 3 次$\}$, 则有

$$\begin{aligned}p(B)&=p(A_3\cup A_4\cup A_5)=p(A_3)+p(A_4)+p(A_5)\\&=\mathrm{C}_5^3\times 0.8^3\times 0.2^{5-3}+\mathrm{C}_5^4\times 0.8^4\times 0.2^{5-4}+\mathrm{C}_5^5\times 0.8^5\times 0.2^{5-5}\\&=0.94208.\end{aligned}$$

例 1.18 某彩票每周开奖一次, 每次提供十万分之一的中奖机会, 且各周开奖是互相独立的, 若你每周买一张彩票, 求你在十年 (每年 52 周) 内从未中奖的可能性是多少?

解 由于每次中奖的可能性是 10^{-5}, 因而每次没有中奖的可能性是 $1-10^{-5}$; 另外, 在十年中你共买彩票 520 次, 每次开奖都是独立的, 这相当于进行了 520 次独立重复试验. 所以, 你在十年内从未中奖的可能性为

$$p=\mathrm{C}_{520}^0\times(10^{-5})^0\times(1-10^{-5})^{520}=0.9948.$$

这表明十年中你从未中奖是很正常的事.

习 题 1

A 组

1. 写出下列随机试验的样本空间:

(1) 抛掷两颗骰子, 观察两次点数之和;

(2) 连续抛掷一枚硬币, 直至出现正面为止;

(3) 观察某路口一天通过的机动车车辆数;

(4) 观察某城市一天的用电量.

2. 设样本空间 $\Omega=\{x|0\leqslant x\leqslant 2\}$, 事件 $A=\{x|0.5\leqslant x\leqslant 1\}$, $B=\{x|0.8\leqslant x\leqslant 1\}$, 具体写出下列各事件: (1)$AB$; (2)$A-B$; (3)$\overline{A-B}$; (4) $\overline{A\cup B}$.

3. 设 A, B, C 为三个事件, 试表示下列事件:

(1) A, B, C 都发生或都不发生;

(2) A, B, C 中至少有一个发生;

(3) A, B, C 中不多于两个发生.

4. 一批产品中有合格品和废品, 从中有放回地抽取三个产品, 记 $A_i=\{$第 i 次抽取, 抽到的是废品$\}$, $i=1,2,3$, 试用 A_i 表示下列各事件:

(1) 第一次、第二次中至少有一次抽到废品;

(2) 只有第一次抽到废品;

(3) 二次都抽到废品;

(4) 至少有一次抽到合格品;

(5) 只有两次抽到废品.

5. 一袋中有 5 个红球和 2 个白球. 从袋中任取一球, 看过颜色后放回袋中, 然后再从袋中任取一球. 设每次取球时袋中的各个球等可能地被取到. 求

(1) 第一、二次都取到红球的概率;

(2) 第一次取到红球、第二次取到白球的概率;

(3) 两次取得的球为红、白各一的概率;

(4) 第二次取到红球的概率.

6. 一个盒子中装有 6 只晶体管, 其中 2 只是不合格品, 现在作不放回抽样; 接连取 2 次, 每次随机地取 1 只, 求下列事件的概率:

(1) 两只都是合格品;

(2) 一只是合格品, 一只是不合格品;

(3) 至少有一只是合格品.

7. 一个口袋中装有 10 个球, 分别标上号码 1 至 10, 随机地从这个口袋中取 3 个球, 求:

(1) 最小号码是 6 的概率;

(2) 最大号码是 6 的概率;

(3) 中间号码是 6 的概率.

8. 在区间 $(0,1)$ 中随机地取两个数, 求事件 "两数之和小于 6/5" 的概率?

9. 甲乙两艘轮船驶向一个不能同时停泊两艘轮船的码头, 它们在一昼夜内到达的时间是等可能的, 若每艘船在码头停泊时间均为 6 小时, 求它们中任何一艘都不需要等候码头空出的概率?

10. 已知事件 A, B 满足 $p(AB)=p(\bar{A}\bar{B})$, 记 $p(A)=p$, 求 $p(B)$?

11. 已知 $p(A)=0.7$, $p(A-B)=0.3$, 求 $p(\overline{AB})$?

12. 某工厂的一个车间有男工 7 人、女工 4 人, 现要选出 3 个代表, 求选出的 3 个代表中至少有 1 个女工的概率?

13. 已知 $p(\bar{A})=0.3$, $p(B)=0.4$, $p(A\bar{B})=0.5$, 求 $p(B|A\cup\bar{B})$?

14. 某班级在一次考试中数学不及格的学生占 15%, 英语不及格的学生占 5%, 这两门课都不及格的学生占 3%.

(1) 已知一个学生数学不及格, 他英语也不及格的概率是多少?

(2) 已知一个学生英语不及格, 他数学也不及格的概率是多少?

15. 设 10 件产品中有 4 件不合格品, 从中任取两件, 已知其中一件是不合格品, 求另一件也是不合格品的概率?

16. 两台车床加工固焊零件, 第一台出次品的概率是 0.03, 第二台出次品的概率为 0.06, 加工出来的零件放在一起且已知第一台加工的零件比第二台加工的零件多一倍.

(1) 求任取一个零件是合格品的概率;

(2) 如果取出的零件是不合格品, 求它是由第二台车床加工的概率?

17. 已知男人中有 5%是色盲患者, 女人中有 0.25%是色盲患者, 现从男女人数相等的人群中随机挑选一人, 发现恰好是色盲患者, 问此人是男人的概率是多少?

18. 甲乙两人独立地对同一目标射击一次, 其命中率分别为 0.6 和 0.7, 已知目标被击中, 求它是甲击中的概率?

19. 设电路由 A, B, C 三个元件组成, 若元件 A, B, C 发生故障的概率分别是 0.3, 0.2, 0.2, 各元件独立工作, 求下列三种情况下电路发生故障的概率.

(1) A, B, C 三个元件串联;

(2) A, B, C 三个元件并联;

(3) B 与 C 并联后再与 A 串联?

20. 若 $p(A)=0.4$, $p(A\bigcup B)=0.7$, 在下列情况下求 $p(B)$.

(1) A, B 不相容;

(2) A, B 独立;

(3) $A\subset B$?

B 组

1. 把 10 本书任意放在书架上, 求其中指定的 3 本书放在一起的概率?

2. 设有 n 个人, 每个人都等可能地被分配到 N 个房间中的任一间去住 $(n\leqslant N)$, 设每个房间可容纳 n 个人, 求下列事件的概率:

(1) 指定的 n 间房间里各有一个住;

(2) 恰有 n 间房各住一人?

3. 甲乙两艘轮船驶向一个不能同时停泊两艘轮船的码头, 它们在一昼夜内到达的时间是等可能的, 若甲船的停泊时间为一小时, 乙船的停泊时间为两小时, 求它们中任何一艘都不需要等候码头空出的概率?

4. 设 $p(A)=p(B)=\dfrac{1}{2}$, 试证: $p(AB)=p(\bar{A}\bar{B})$.

5. 证明: $p(B|A)\geqslant 1-\dfrac{p(\bar{B})}{p(A)}$, 其中 $p(A)>0$.

6. 设 A, B 为任意两个事件, 且 $A\subset B$, $p(B)>0$, 证明: $p(A)\leqslant p(A|B)$.

7. 公安人员在某地发现一具尸体, 经分析认为凶手还在该地的概率为 0.4, 乘车外逃的概率为 0.5, 自首的概率为 0.1, 现派人追捕, 在该地抓到凶手的概率为 0.9, 若外逃则抓到凶手的概率为 0.5, 问此次凶手在该地或外逃被抓到的概率是多少?

8. 有两箱零件, 第一箱装 50 件, 其中 10 件是一等品; 第二箱装 30 件, 其中 18 件是一等品, 现从两箱中任取一箱, 然后从该箱中先后取出两个零件, 试求在第一次取到一等品的条件下, 第二次取出的零件仍是一等品的概率?

9. 保险公司把被保险人分为“谨慎”“一般”“冒失”三类, 统计资料表明上述三种人在一年中发生事故的概率分别是 0.05, 0.15, 0.3; 如果“谨慎”的被保险人占 20%, “一般”的被保险人占 50%, “冒失”的被保险人占 30%, 现知某保险人在一年内发生了事故, 则他是属“谨慎”客户的概率是多少?

第 2 章　随机变量及其分布

2.1　随机变量及其分布函数

2.1.1　随机变量

在讨论随机事件及其概率时, 用样本空间的子集来表示随机事件, 这种表示方法限制了对随机试验统计规律的全面讨论及数学工具的运用, 为了克服这种局限性, 需在随机试验的结果与数值之间建立起一种对应关系.

有一些随机试验的结果本身就用数值表示, 例如, 在抛掷一颗骰子的试验中, 试验的结果可用 $1, 2, \cdots, 6$ 来表示; 在观察某商场一天内来的顾客数的试验中, 试验的结果可用 $0, 1, 2, \cdots$ 来表示.

另一些随机试验的结果虽然与数值无关, 例如, 在抛掷一枚均匀硬币的试验中, 试验的结果用 "出现正面""出现反面" 来表示; 在对一个产品的检验中, 试验的结果用 "合格品""不合格品" 来表示. 但若规定 "出现正面" 对应数值 1 , "出现反面" 对应数值 0; "合格品" 对应数值 1, "不合格品" 对应数值 0 等, 则这些试验的每一个可能结果都有唯一的实数与之对应.

这表明, 随机试验的结果均可用一个实数表示, 不同的试验结果对应不同的实数. 于是引入一个变量来表示随机试验的结果, 它的取值随着试验结果的不同而变化.

定义 2.1　定义在样本空间 Ω 上的单值实函数称为**随机变量**, 常用大写字母 X, Y, Z 等表示; 随机变量的取值用小写字母 x, y, z 等表示. 若随机变量 X 可能取值的个数为有限个或可列个, 则称 X 为**离散型随机变量**; 若随机变量 X 的可能取值充满某个区间 (a,b), 则称 X 为**连续型随机变量**, 其中 a 可以是 $-\infty$, b 可以是 $+\infty$.

随机变量与一般变量的本质区别在于随机变量的取值是随机的, 试验之前只知道它可能取值的范围, 但不能预先确定它将取哪一个值; 试验的每一个结果都以一定的概率出现, 因而随机变量也都以一定的概率取各个值.

在引入随机变量 X 后, 就可以将讨论随机事件的概率的问题转化为讨论随机变量取某些值的概率的问题. 例如, 在抛掷一颗骰子的试验中, 若用 X 表示出现的点数, 则讨论出现奇数点这一随机事件的概率就可转化为讨论随机变量 X 取 1, 3, 5 这三个值的概率的问题; 在观测某种电子元件寿命的试验中, 若用 X 表示该电子

元件寿命 (单位：年), 则讨论电子元件的寿命在 3—5 之间这一随机事件的概率就可转化为讨论随机变量 X 的取值落入区间 $[3,5]$ 的概率的问题.

2.1.2 随机变量的分布函数

由于

$$\{a < X \leqslant b\} = \{X \leqslant b\} - \{X \leqslant a\}, \quad \{X > b\} = \Omega - \{X \leqslant b\},$$

因而, 为了掌握 X 取各种值的概率, 只需知道对任意的实数 x, 事件 $\{X \leqslant x\}$ 的概率就够了. 为此, 定义随机变量的分布函数如下.

定义 2.2 设 X 是一个随机变量, 对任意实数 x, 称

$$F(x) = p(X \leqslant x)$$

为随机变量 X 的**分布函数**.

由分布函数的定义, 容易得出分布函数的三条基本性质.

定理 2.1 任一个分布函数 $F(x)$ 都有如下三条基本性质：

(1) **单调性** $F(x)$ 是定义在整个实数轴 $(-\infty, +\infty)$ 上的单调不减函数, 即对任意的 $x_1 < x_2$, 有 $F(x_1) \leqslant F(x_2)$;

(2) **有界性** 对任意实数 x, 有 $0 \leqslant F(x) \leqslant 1$, 且

$$F(-\infty) = \lim_{x \to -\infty} F(x) = 0,$$

$$F(+\infty) = \lim_{x \to +\infty} F(x) = 1;$$

(3) **右连续性** $F(x)$ 是 x 的右连续函数, 即任意实数 x, 有

$$F(x+0) = F(x).$$

凡具有上述三条性质的实函数一定是某个随机变量 X 的分布函数.

有了随机变量的分布函数, X 取各种值的概率都能方便地计算了, 例如, 对任意的实数 a, b, 有

$$p(a < X \leqslant b) = F(b) - F(a),$$

$$p(X = a) = F(a) - F(a-0),$$

$$p(X \geqslant b) = 1 - F(b-0).$$

2.2 离散型随机变量

虽然分布函数全面描述了随机变量的统计规律, 但由于它不够直观, 用起来往往不是很方便, 需寻求一种比分布函数更直观的描述方式.

2.2.1　离散型随机变量及其分布

对于离散型随机变量, 不仅要知道它可能取哪些值, 还要知道它以多大的概率来取这些值.

定义 2.3　设离散型随机变量 X 的所有可能取值为 $x_1, x_2, \cdots$, 则称 X 取 x_i 的概率

$$p_i = p(X = x_i) \quad (i = 1, 2, \cdots)$$

为 X 的**概率分布**或**分布列**.

分布列也可用表格形式表示如下.

X	x_1	x_2	$\cdots$	x_i	$\cdots$
p	p_1	p_2	$\cdots$	p_i	$\cdots$

显然, 分布列具有如下基本性质:

(1) **非负性**　$p_i \geqslant 0 (i = 1, 2, \cdots)$;

(2) **正则性**　$\sum\limits_{i=1}^{+\infty} p_i = 1$.

凡具有上述两条性质的 $p_i (i = 1, 2, \cdots)$ 一定是某个离散型随机变量 X 的分布列.

求离散型随机变量的分布列的步骤如下:

(1) 确定随机变量的所有可能取值;

(2) 计算每个取值点的概率.

例 2.1　某系统有两台机器独立运转, 设它们发生故障的概率分别为 0.1, 0.2, 若用 X 表示系统中发生故障的机器数, 求 X 的分布列?

解　记 A_i ={第 i 台机器发生故障}$(i = 1, 2)$, 则

$$p(X = 0) = p(\bar{A}_1 \bar{A}_2) = p(\bar{A}_1) p(\bar{A}_2) = 0.9 \times 0.8 = 0.72;$$

$$p(X = 1) = p(A_1 \bar{A}_2) + p(\bar{A}_1 A_2) = 0.1 \times 0.8 + 0.9 \times 0.2 = 0.26;$$

$$p(X = 2) = p(A_1 A_2) = 0.1 \times 0.2 = 0.02.$$

于是 X 的分布列如下.

X	0	1	2
p	0.72	0.26	0.02

例 2.2　设随机变量 X 的分布列为

$$p(X = i) = \frac{a}{4^i} \quad (i = 1, 2, \cdots),$$

试确定常数 a?

解 由分布列的正则性, 有

$$1=\sum_{i=1}^{+\infty}p_i=\sum_{i=1}^{+\infty}\frac{a}{4^i}=a\frac{1/4}{1-1/4}=\frac{a}{3}\Rightarrow a=3.$$

由离散型随机变量的分布列易知其分布函数为

$$F(x)=\sum_{x_i\leqslant x}p_i.$$

例 2.3 已知 X 的分布列如下.

X	0	1	2
p	0.3	0.2	0.5

求 X 的分布函数?

解

$$F(x)=\begin{cases}0, & x<0,\\ 0.3, & 0\leqslant x<1,\\ 0.5, & 1\leqslant x<2,\\ 1, & 2\leqslant x.\end{cases}$$

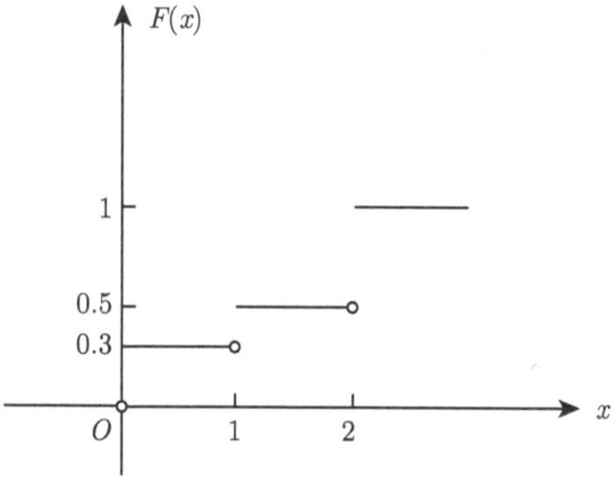

图 2.1

$F(x)$ 的图形如图 2.1 所示.

由图 2.1 可看出:

(1) $F(x)$ 是递增的阶梯函数;

(2) 其间断点均为右连续的;

(3) 其间断点即为 X 的可能取值点;

(4) 其间断点的跳跃高度是对应的概率值.

例 2.4 已知 X 的分布函数如下, 求 X 的分布列?

$$F(x)=\begin{cases}0, & x<0,\\ 0.4, & 0\leqslant x<1,\\ 0.8, & 1\leqslant x<2,\\ 1, & 2\leqslant x.\end{cases}$$

解 X 的分布列如下

X	0	1	2
p	0.4	0.4	0.2

2.2.2　常用的离散型分布

1. 二项分布

定义 2.4　若随机变量 X 的分布列为

$$p(X=k)=\mathrm{C}_n^k p^k(1-p)^{n-k}\quad (k=0,1,\cdots,n),$$

则称随机变量 X 服从参数为 n, p 的**二项分布**, 记为 $X\sim b(n,p)$.

事件 A 在 n 重伯努利试验中发生的次数可用二项分布来描述.

例 2.5　某导弹发射塔发射导弹的成功率为 0.9, 求: (1) 在 10 次发射中恰好成功 4 次的概率; (2) 在 10 次发射中至多成功 8 次的概率?

解　(1) 设 X 为 10 次发射中成功的次数, 则 $X\sim b(10,0.9)$, 所以在 10 次发射中恰好成功 4 次的概率为

$$p(X=4)=\mathrm{C}_{10}^4(0.9)^4(0.1)^{10-4}=1.38\times10^{-4};$$

(2) 在 10 次发射中至多成功 8 次的概率为

$$p(X\leqslant 8)=1-p(X>8)=1-\sum_{k=9}^{10}\mathrm{C}_{10}^k(0.9)^k(0.1)^{10-k}=0.2639.$$

2. 泊松分布

定义 2.5　若随机变量 X 的分布列为

$$p(X=k)=\frac{\lambda^k}{k!}\mathrm{e}^{-\lambda}\quad (k=0,1,\cdots),$$

其中参数 $\lambda>0$, 则称随机变量 X 服从参数为 λ 的**泊松分布**, 记为 $X\sim P(\lambda)$.

总机在单位时间内接到用户的呼叫次数; 公共汽车站在单位时间内到达的乘客数; 保险公司在单位时间内接到的保单数; 某地区在单位时间内发生的灾情数等均可用泊松分布来描述.

例 2.6　在上下班高峰期, 一十字路口的车流量较大. 根据历史记录分析, 该路口每天发生交通事故的次数服从参数为 0.2 的泊松分布, 求 (1) 该路口在某天恰好发生 2 次交通事故的概率; (2) 至少 2 次交通事故的概率?

解　设 X 为该路口每天发生的交通事故数, 则 $X\sim P(0.2)$.

(1) $p(X=2)=\dfrac{0.2^2}{2!}\mathrm{e}^{-0.2}\approx 0.0164$;

(2) $p(X\geqslant 2)=1-p(X<2)=1-p(X=0)-p(x=1)$

$$=1-\frac{0.2^0}{0!}\mathrm{e}^{-0.2}-\frac{0.2}{1!}\mathrm{e}^{-0.2}\approx 0.0175.$$

在一定的条件下, 二项分布可以用泊松分布近似.

定理 2.2 (泊松定理) 在 n 重伯努利试验中, 事件 A 在一次试验中出现的概率为 p_n(与试验次数 n 有关), $\lim\limits_{n\to+\infty} np_n = \lambda(\lambda > 0$ 为常数), 则对任意确定的非负整数 k, 有

$$\lim_{n\to+\infty} \mathrm{C}_n^k p_n^k (1-p_n)^{n-k} = \frac{\lambda^k}{k!}\mathrm{e}^{-\lambda}.$$

证明略.

例 2.7 设某保险公司的某人寿保险险种有 1000 人投保, 每个人在一年内死亡的概率为 0.005, 且每个人在一年内是否死亡是相互独立的, 试求在未来一年这 1000 个投保人中死亡人数不超过 10 人的概率?

解 设 X 为 1000 个投保人在未来一年中死亡人数, 则 $X \sim b(1000, 0.005)$, 所以这 1000 个投保人在未来一年中死亡人数不超过 10 人的概率为

$$p(X \leqslant 10) = \sum_{k=0}^{10} \mathrm{C}_{1000}^k (0.005)^k (0.995)^{1000-k} \approx \sum_{k=0}^{10} \frac{5^k}{k!}\mathrm{e}^{-\lambda} \approx 0.986.$$

在实际计算中, 当 $n \geqslant 20, p \leqslant 0.05$ 时, 上式的近似值效果颇佳, 而 $n \geqslant 100$ 且 $np \leqslant 10$ 时, 效果更好.

3. 几何分布

定义 2.6 若随机变量 X 的分布列为

$$p(X = k) = (1-p)^{k-1}p \quad (k = 1, 2, \cdots),$$

则称随机变量 X 服从参数为 p 的**几何分布**, 记为 $X \sim \mathrm{Ge}(p)$.

在独立重复的伯努利试验中, "首次成功" 时的试验次数可用几何分布来描述.

2.3 连续型随机变量

2.3.1 连续型随机变量及其分布

因为连续型随机变量 X 的可能取值充满某个区间 (a, b), 在这个区间内有无穷不可列个实数, 从而无法再用分布列来描述连续型随机变量 X 的统计规律, 需引入其他的描述方式.

定义 2.7 设随机变量 X 的分布函数为 $F(x)$, 若存在一个非负可积函数 $f(x)$, 使得对任意实数 x, 有

$$F(x) = \int_{-\infty}^{x} f(t)\mathrm{d}t,$$

则称 X 为**连续型随机变量**, 称 $f(x)$ 为 X 的**概率密度函数**, 简称为**密度函数**.

显然, 密度函数具有如下基本性质:

(1) **非负性** $f(x) \geqslant 0$;

(2) **正则性** $\int_{-\infty}^{+\infty} f(x)\mathrm{d}x = 1$.

凡具有上述两条性质的 $f(x)$ 一定是某个连续型随机变量 X 的密度函数.

由定义 2.7, 还可得到如下性质:

(1) $F(x)$ 是 $(-\infty, +\infty)$ 上的连续函数;

(2) $p(X = x) = F(x) - F(x - 0) = 0$;

(3) $p(a < X \leqslant b) = p(a < X < b) = p(a \leqslant X < b) = p(a \leqslant X \leqslant b) = \int_a^b f(x)\mathrm{d}x$;

(4) 在 $F(x)$ 的可导点处, 有 $f(x) = F'(x)$.

例 2.8　设连续型随机变量 X 的密度函数为

$$f(x) = \begin{cases} kx + 1, & 0 \leqslant x \leqslant 2, \\ 0, & \text{其他}, \end{cases}$$

试求 (1) 常数 k; (2) 分布函数 $F(x)$; (3) $p\left(\dfrac{3}{2} < X < \dfrac{5}{2}\right)$?

解　(1) 由密度函数的正则性, 有

$$1 = \int_{-\infty}^{+\infty} f(x)\mathrm{d}x = \int_0^2 (kx + 1)\mathrm{d}x = \left(\frac{kx^2}{2} + x\right)\bigg|_0^2 = 2k + 2 \Rightarrow k = -\frac{1}{2};$$

(2) $F(x) = \displaystyle\int_{-\infty}^{x} f(t)\mathrm{d}t = \begin{cases} 0, & x < 0, \\ -\dfrac{1}{4}x^2 + x, & 0 \leqslant x \leqslant 2, \\ 1, & x > 2; \end{cases}$

(3) $p\left(\dfrac{3}{2} < X < \dfrac{5}{2}\right) = F\left(\dfrac{5}{2}\right) - F\left(\dfrac{3}{2}\right) = \dfrac{1}{16}$.

2.3.2　常用的连续型分布

1. 均匀分布

定义 2.8　若随机变量 X 的密度函数为

$$f(x) = \begin{cases} \dfrac{1}{b - a}, & a < x < b, \\ 0, & \text{其他}, \end{cases}$$

则称随机变量 X 服从区间 (a, b) 上的**均匀分布**, 记为 $X \sim U(a, b)$.

X 的分布函数为

$$F(x)=\begin{cases}0, & x<a,\\ \dfrac{x-a}{b-a}, & a\leqslant x<b,\\ 1, & x\geqslant b.\end{cases}$$

$f(x)$ 和 $F(x)$ 的图形分别如图 2.2 和图 2.3 所示.

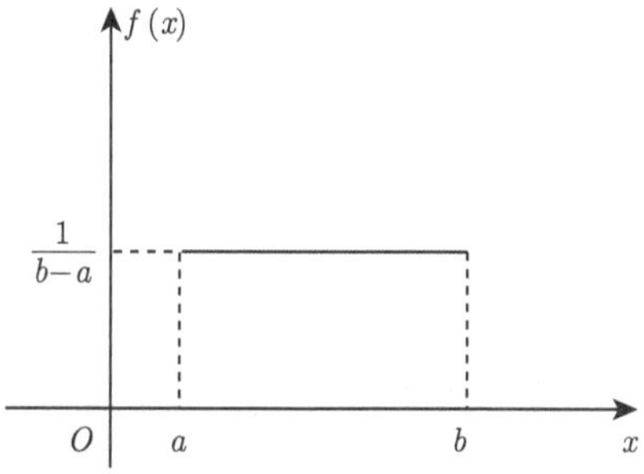

图 2.2

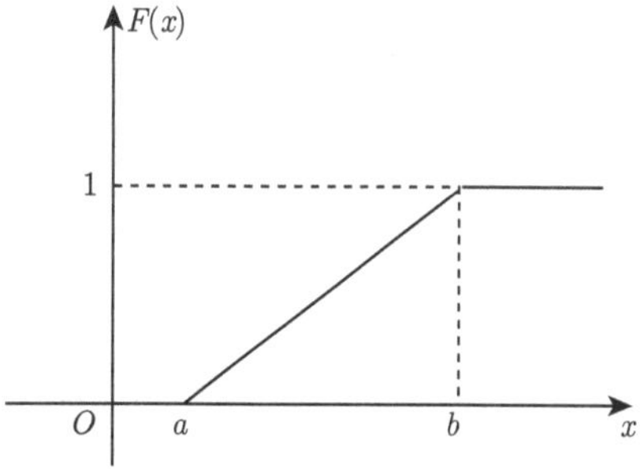

图 2.3

例 2.9 某公共汽车站 10min 有一辆汽车通过, 一位乘客对于汽车通过该站的时间完全不知, 他在任一时刻到达车站的可能性相同, 试求他到达车站 3min 内就有公共汽车到站的概率?

解 设 X 为该乘客到达车站的时间, 则 $X\sim U(0,10)$, 其密度函数为

$$f(x)=\begin{cases}\dfrac{1}{10}, & 0<x<10,\\ 0, & \text{其他},\end{cases}$$

他到达车站 3min 内就有公共汽车到站的概率为

$$p(7<X<10)=\int_7^{10}\frac{1}{10}\mathrm{d}x=\frac{3}{10}.$$

2. 指数分布

定义 2.9 若随机变量 X 的密度函数为

$$f(x)=\begin{cases}\lambda \mathrm{e}^{-\lambda x}, & x>0,\\ 0, & x\leqslant 0,\end{cases}$$

其中参数 $\lambda>0$, 则称随机变量 X 服从参数为 λ 的**指数分布**, 记为 $X\sim E(\lambda)$.

X 的分布函数为

$$F(x)=\begin{cases}1-\mathrm{e}^{-\lambda x}, & x>0,\\ 0, & x\leqslant 0.\end{cases}$$

$f(x)$ 和 $F(x)$ 的图形分别如图 2.4 和图 2.5 所示.

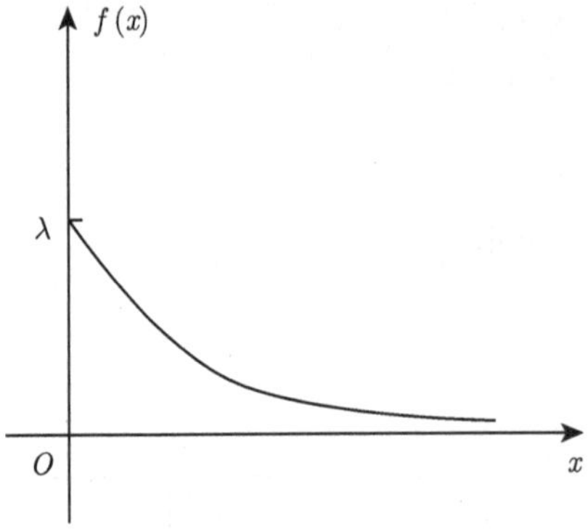

图 2.4

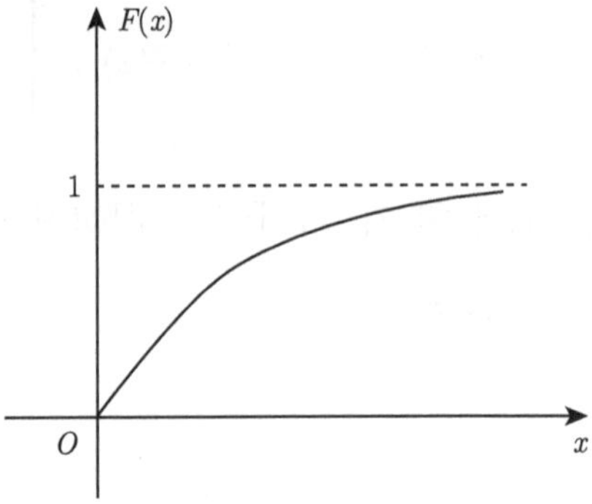

图 2.5

电子元件的寿命; 随机服务系统中的服务时间等均可用指数分布来描述.

例 2.10　设打一次电话所用的时间 $X \sim E(0.1)$(单位: min), 若某人刚好在你前面走进电话亭, 求你将等 10min 以上才能走进此电话亭打电话的概率?

解　由于 $X \sim E(0.1)$, 则其密度函数为

$$f(x) = \begin{cases} 0.1\mathrm{e}^{-0.1x}, & x > 0, \\ 0, & x \leqslant 0. \end{cases}$$

你将等 10min 以上才能走进此电话亭打电话的概率为

$$p(X \geqslant 10) = \int_{10}^{+\infty} 0.1\mathrm{e}^{-0.1x}\mathrm{d}x = \mathrm{e}^{-1}.$$

3. 正态分布

定义 2.10　若随机变量 X 的密度函数为

$$f(x) = \frac{1}{\sqrt{2\pi}\sigma}\mathrm{e}^{-\frac{(x-\mu)^2}{2\sigma^2}} \quad (-\infty < x < +\infty),$$

其中参数 $\sigma > 0$, 则称随机变量 X 服从参数为 μ 和 σ^2 的**正态分布**, 记为 $X \sim N(\mu, \sigma^2)$.

X 的分布函数为

$$F(x) = \frac{1}{\sqrt{2\pi}\sigma}\int_{-\infty}^{x} \mathrm{e}^{-\frac{(t-\mu)^2}{2\sigma^2}}\mathrm{d}t.$$

$f(x)$ 和 $F(x)$ 的图形分别如图 2.6 和图 2.7 所示.

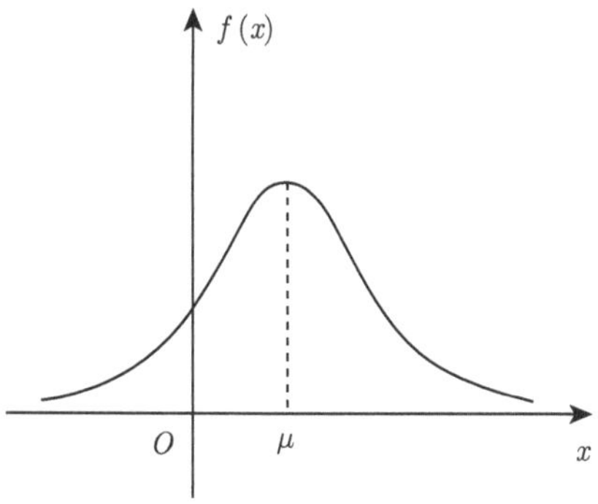

图 2.6

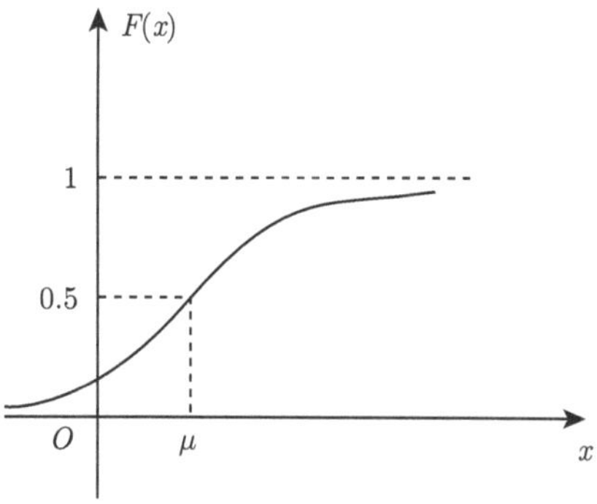

图 2.7

由定义 2.10 知, $f(x)$ 具有如下的性质:

(1) $f(x)$ 关于直线 $x=\mu$ 对称;

(2) 当 $x=\mu$ 时, $f(x)$ 取得最大值 $\dfrac{1}{\sqrt{2\pi}\sigma}$;

(3) 以 x 轴为水平渐近线, 即 x 离 μ 越远, $f(x)$ 的值越小, 且 $x\to\pm\infty$ 时, $f(x)\to 0$;

(4) 当 σ 固定, 改变 μ 的值, $f(x)$ 的图形沿 x 轴平移而不改变形状, 因而 μ 又称为**位置参数**(图 2.8);

(5) 当 μ 固定, 改变 σ 的值, $f(x)$ 的图形的形状随着 σ 的增大而变得平坦, 故 σ 称为**形状参数**(图 2.9).

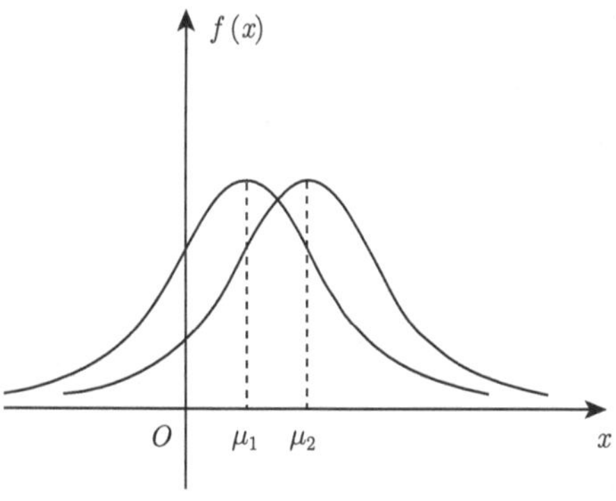

图 2.8

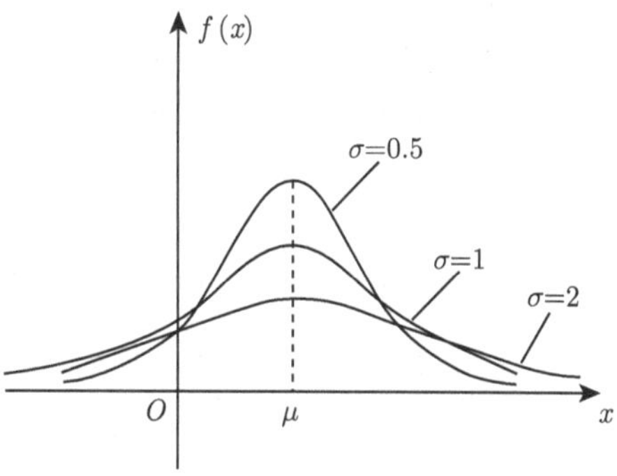

图 2.9

一个变量若受大量微小的、独立的随机因素影响, 例如, 测量误差、产品重量、人的体重、考试成绩、海洋中波浪的高度等均可用正态分布来描述.

称参数 $\mu=0, \sigma=1$ 的正态分布为**标准正态分布**, 记为 $X\sim N(0,1)$, 其密度

函数记为

$$\varphi(x)=\frac{1}{\sqrt{2\pi}}\mathrm{e}^{-\frac{x^2}{2}}\quad(-\infty<x<+\infty),$$

分布函数记为

$$\Phi(x)=\frac{1}{\sqrt{2\pi}}\int_{-\infty}^{x}\mathrm{e}^{-\frac{t^2}{2}}\mathrm{d}t.$$

1) 标准正态分布的计算:

当 $x\geqslant 0$ 时, $\Phi(x)$ 的函数值可查表得到;

当 $x<0$ 时, 由 $\varphi(x)$ 的对称性知

$$\Phi(x)=p(X\leqslant x)=p(X\geqslant -x)=1-p(X\leqslant -x)=1-\Phi(-x),$$

从而可先查 $\Phi(-x)$, 再由 $\Phi(x)=1-\Phi(-x)$ 来得到 $\Phi(x)$ 的函数值.

例 2.11　若 $X\sim N(0,1)$, 试求下列事件的概率 (1) $p(X\leqslant 1.96)$; (2) $p(X>1.96)$; (3) $p(X<-1.96)$; (4) $p(|X|\leqslant 1.96)$; (5) $p(-1\leqslant X\leqslant 2)$?

解　(1) $p(X\leqslant 1.96)=\Phi(1.96)=0.975$;

(2) $p(X>1.96)=1-p(X\leqslant 1.96)=1-\Phi(1.96)=1-0.975=0.025$;

(3) $p(X<-1.96)=\Phi(-1.96)=1-\Phi(1.96)=1-0.975=0.025$;

(4) $p(|X|\leqslant 1.96)=p(-1.96\leqslant X\leqslant 1.96)=\Phi(1.96)-\Phi(-1.96)$
$=2\Phi(1.96)-1=0.95$;

(5) $p(-1\leqslant X\leqslant 2)=\Phi(2)-\Phi(-1)=\Phi(2)+\Phi(1)-1=0.8185$.

2) 非标准正态分布的计算.

定理 2.3　若 $X\sim N(\mu,\sigma^2)$, 则 $Y=\dfrac{X-\mu}{\sigma}\sim N(0,1)$.

该定理的证明将放在 2.4 节给出.

定理 2.3 表明, 可将非标准正态分布化为标准正态分布计算, 即

若 $X\sim N(\mu,\sigma^2)$, 则令 $Y=\dfrac{X-\mu}{\sigma}$, 于是

$$p(x_1<X<x_2)=p\left(\frac{x_1-\mu}{\sigma}<Y<\frac{x_2-\mu}{\sigma}\right)=\Phi\left(\frac{x_2-\mu}{\sigma}\right)-\Phi\left(\frac{x_1-\mu}{\sigma}\right).$$

例 2.12　若 $X\sim N(1.5,4)$, 求 (1) $p(X\leqslant 3.5)$; (2) $p(X>2.5)$; (3) $p(|X|<3)$?

解　(1) $p(X\leqslant 3.5)=p\left(\dfrac{X-1.5}{2}\leqslant\dfrac{3.5-1.5}{2}\right)=\Phi(1)=0.8413$;

(2) $p(X>2.5)=1-p(X\leqslant 2.5)=1-p\left(\dfrac{X-1.5}{2}\leqslant\dfrac{2.5-1.5}{2}\right)$

$=1-\Phi(0.5)=1-0.6915=0.3085$;

(3) $p(|X|<3)=p(-3<X<3)=p\left(\dfrac{-3-1.5}{2}<\dfrac{X-1.5}{2}<\dfrac{3-1.5}{2}\right)$

$$=\Phi(0.75)-\Phi(-2.25)=\Phi(0.75)+\Phi(2.25)-1=0.7612.$$

例 2.13 若 $X \sim N(\mu,\sigma^2)$, 求 (1) $p(|X-\mu|<\sigma)$; (2) $p(|X-\mu|<2\sigma)$; (3) $p(|X-\mu|<3\sigma)$?

解 (1) $p(|X-\mu|<\sigma)=p\left(-1<\dfrac{X-\mu}{\sigma}<1\right)=\Phi(1)-\Phi(-1)=2\Phi(1)-1=0.6826$;

(2) $p(|X-\mu|<2\sigma)=p\left(-2<\dfrac{X-\mu}{\sigma}<2\right)=\Phi(2)-\Phi(-2)=2\Phi(2)-1=0.9544$;

(3) $p(|X-\mu|<3\sigma)=p\left(-3<\dfrac{X-\mu}{\sigma}<3\right)=\Phi(3)-\Phi(-3)=2\Phi(3)-1=0.9973$.

由此可见 X 在一次试验中落在区间 $(\mu-3\sigma,\mu+3\sigma)$ 以外的概率可以忽略不计, 这就是通常所说的 3σ**原则**.

2.4 随机变量函数的分布

在实际问题中, 经常要讨论随机变量函数的分布. 例如, 某种商品的销售量 X 是随机变量, 销售该商品的利润 Y 也是随机变量, 它是 X 的函数 $g(X)$ 等.

设 X 是随机变量, $g(x)$ 是一个函数, 则称 $Y=g(X)$ 为随机变量 X 的函数.

2.4.1 离散型随机变量函数的分布

设 X 是离散型随机变量, X 的分布列为

X	x_1	x_2	$\cdots$	x_i	$\cdots$
p	p_1	p_2	$\cdots$	p_i	$\cdots$

则 $Y=g(X)$ 也是离散型随机变量, 其分布列为

Y	$g(x_1)$	$g(x_2)$	$\cdots$	$g(x_i)$	$\cdots$
p	p_1	p_2	$\cdots$	p_i	$\cdots$

当 $g(x_1), g(x_2), \cdots, g(x_i), \cdots$ 中有某些值相同时, 则将它们合并, 将对应的概率相加即可.

例 2.14 设随机变量 X 的分布列如下, 试求随机变量 $Y=X^2+X$ 的分布列?

X	-2	-1	0	1	2
p	0.2	0.1	0.1	0.3	0.3

解 由题意得

Y	2	0	0	2	6
p	0.2	0.1	0.1	0.3	0.3

再将相同值合并得 $Y=X^2+X$ 的分布列为

Y	0	2	6
p	0.2	0.5	0.3

2.4.2 连续型随机变量函数的分布

对连续型随机变量 $X, Y=g(X)$ 不一定是连续型随机变量, 这里只讨论 $Y=g(X)$ 是连续型随机变量的情形.

已知 X 的密度函数 $f_X(x)$, 求 $Y=g(X)$ 的密度函数 $f_Y(y)$ 的方法如下.

(1) 利用分布函数的定义求得 Y 的分布函数

$$F_Y(y)=p(Y\leqslant y)=p(g(X)\leqslant y)=p(X\in I)=\int_I f_X(x)\mathrm{d}x,$$

其中 $I=\{x|g(x)\leqslant y\}$;

(2) 将 $F_Y(y)$ 求导即可得 Y 的密度函数.

例 2.15　设随机变量 X 的密度函数为

$$f_X(x)=\begin{cases}\dfrac{x}{8}, & 0<x<4,\\ 0, & \text{其他}.\end{cases}$$

求随机变量 $Y=2X+8$ 的密度函数?

解　由题意知, 当 $y\leqslant 8$ 时, 有

$$F_Y(y)=p(Y\leqslant y)=0.$$

当 $8<y<16$ 时, 有

$$F_Y(y)=p(Y\leqslant y)=p(2X+8\leqslant y)=p\left(X\leqslant\frac{y-8}{2}\right)=F_X\left(\frac{y-8}{2}\right).$$

当 $y\geqslant 16$ 时, 有

$$F_Y(y)=p(Y\leqslant y)=1.$$

即 Y 的分布函数

$$F_Y(y)=\begin{cases}0, & y\leqslant 8,\\ F_X\left(\dfrac{y-8}{2}\right), & 8<y<16,\\ 1, & y\geqslant 16.\end{cases}$$

于是, Y 的密度函数

$$f_Y(y)=F_Y'(y)=\begin{cases} F_X'\left(\dfrac{y-8}{2}\right), & 8<y<16,\\ 0, & \text{其他}.\end{cases}$$
$$=\begin{cases} \dfrac{y-8}{32}, & 8<y<16,\\ 0, & \text{其他}.\end{cases}$$

例 2.16　设随机变量 $X\sim N(\mu,\sigma^2)$, 证明: $Y=\dfrac{X-\mu}{\sigma}\sim N(0,1)$.

证明　由题意知, Y 的分布函数为

$$F_Y(y)=p(Y\leqslant y)=p\left(\frac{X-\mu}{\sigma}\leqslant y\right)=p(X\leqslant \sigma y+\mu)=F_X(\sigma y+\mu).$$

于是, Y 的密度函数

$$\begin{aligned} f_Y(y)&=F_Y'(y)=F_X'(\sigma y+\mu)=f_X(\sigma y+\mu)(\sigma y+\mu)'=\sigma f_X(\sigma y+\mu)\\ &=\sigma\frac{1}{\sqrt{2\pi}\sigma}\mathrm{e}^{-\frac{(\sigma y+\mu-\mu)^2}{2\sigma^2}}=\frac{1}{\sqrt{2\pi}}\mathrm{e}^{-\frac{y^2}{2}}\\ &\Rightarrow Y=\frac{X-\mu}{\sigma}\sim N(0,1).\end{aligned}$$

例 2.17　设随机变量 $X\sim N(0,1)$, 试求随机变量 $Y=X^2$ 的密度函数?

解　由于 $Y=X^2\geqslant 0$, 故当 $y<0$ 时, 有

$$F_Y(y)=p(Y\leqslant y)=0;$$

当 $y\geqslant 0$ 时, 有

$$F_Y(y)=p(Y\leqslant y)=p(X^2\leqslant y)=p(-\sqrt{y}\leqslant X\leqslant \sqrt{y})=2\varPhi(\sqrt{y})-1.$$

即 Y 的分布函数

$$F_Y(y)=\begin{cases} 2\varPhi(\sqrt{y})-1, & y\geqslant 0,\\ 0, & y<0.\end{cases}$$

于是, Y 的密度函数

$$f_Y(y)=F_Y'(y)=\begin{cases} 2\varPhi'(\sqrt{y}), & y>0,\\ 0, & y\leqslant 0\end{cases}$$
$$=\begin{cases} y^{-\frac{1}{2}}\varphi(\sqrt{y}), & y>0,\\ 0, & y\leqslant 0\end{cases}=\begin{cases} \dfrac{1}{\sqrt{2\pi}}y^{-\frac{1}{2}}\mathrm{e}^{-\frac{y}{2}}, & y>0,\\ 0, & y\leqslant 0.\end{cases}$$

此时称随机变量 Y 服从自由度为 1 的 χ^2**分布**, 记为 $Y \sim \chi^2(1)$.

习　题　2

A 组

1. 检查两个产品, 用 T 表示合格品, F 表示不合格品, 则样本空间中的四个样本点为

$$\omega_1 = (F, F), \quad \omega_2 = (T, F), \quad \omega_3 = (F, T), \quad \omega_4 = (T, T),$$

以 X 表示两个产品中的合格品数.

(1) 写出 X 与样本点之间的对应关系;

(2) 若此产品的合格品率为 p, 求 $p(X = 1)$?

2. 下列函数是否是某个随机变量的分布函数?

(1) $F(x) = \begin{cases} 0, & x < -2, \\ \dfrac{1}{2}, & -2 \leqslant x < 0, \\ 1, & x \geqslant 0; \end{cases}$

(2) $F(x) = \dfrac{1}{1 + x^2}(-\infty < x < +\infty)$.

3. 设 X 的分布函数为

$$F(x) = \begin{cases} A(1 - \mathrm{e}^{-x}), & x \geqslant 0, \\ 0, & x < 0, \end{cases}$$

求常数 A 及 $p(1 < X \leqslant 3)$?

4. 设随机变量 X 的分布函数为

$$F(x) = \begin{cases} 0, & x \leqslant 0, \\ Ax^2, & 0 < x \leqslant 1, \\ 1, & x > 1, \end{cases}$$

求常数 A 及 $p(0.5 < X \leqslant 0.8)$?

5. 设随机变量 X 的分布列为

$$p(X = k) = \frac{a}{N} \quad (k = 1, 2, \cdots, N),$$

求常数 a?

6. 一批产品共有 100 个, 其中有 10 个次品, 求任意取出的 5 个产品中次品数的分布列?

7. 设 10 件产品中有 2 件次品, 进行连续无放回抽样, 直至取到正品为止, 以 X 表示抽样次数, 求

(1) X 的分布列;

(2) X 的分布函数?

8. 设随机变量 X 的分布函数为

$$F(x)=\begin{cases}0, & x<-1,\\ 0.2, & -1\leqslant x<1,\\ 0.3, & 1\leqslant x<2,\\ 0.5, & 2\leqslant x<3,\\ 1, & x\geqslant 3,\end{cases}$$

求 X 的分布列?

9. 某大楼装有 5 个同类型的供水设备, 调查表明在任一时刻每一设备被使用的概率为 0.1, 求在同一时刻

(1) 恰有 2 个设备被使用的概率;

(2) 至少有 3 个设备被使用的概率;

(3) 至多有 3 个设备被使用的概率?

10. 经验表明: 预定餐厅座位而不来就餐的顾客比例为 20%, 如今餐厅有 50 个座位, 但预定给了 52 位顾客, 求到时顾客来到餐厅而没有座位的概率是多少?

11. 某城市一天内发生火灾的次数 $X\sim P(0.8)$, 求该城市一天内至少发生 3 次火灾的概率?

12. 设 X 服从泊松分布, 已知 $p(X=1)=p(X=2)$, 求 $p(X=4)$?

13. 某商店出售某种商品. 每月销售量服从泊松分布, 由历史记录知, 每月平均销售 7 件该商品, 求在月初进货时要库存多少件此种商品, 才能以 0.95 的概率保证当月不脱销?

14. 设随机变量 X 的密度函数为

$$f(x)=\begin{cases}2x, & 0\leqslant x\leqslant 1,\\ 0, & \text{其他},\end{cases}$$

求 X 的分布函数?

15. 设随机变量 X 的密度函数为

$$f(x)=\begin{cases}2\left(1-\dfrac{1}{x^2}\right), & 1\leqslant x\leqslant 2,\\ 0, & \text{其他},\end{cases}$$

求 X 的分布函数?

16. 设随机变量 X 的密度函数为

$$f(x)=\begin{cases}A\cos x, & -\dfrac{\pi}{2}\leqslant x\leqslant\dfrac{\pi}{2},\\ 0, & \text{其他},\end{cases}$$

求 (1) 常数 A; (2) X 的分布函数; (3) $p\left(0<X\leqslant\dfrac{\pi}{4}\right)$?

17. 设随机变量 X 的分布函数为

$$F(x)=\begin{cases}0, & x<1,\\ \ln x, & 1\leqslant x\leqslant \mathrm{e},\\ 1, & x>\mathrm{e},\end{cases}$$

求 (1) $p(0 < X \leqslant 3)$, $p(X < 2)$, $p(2 < X < 2.5)$; (2) X 的密度函数?

18. 设 $K \sim U(1,6)$, 求方程 $x^2 + Kx + 1 = 0$ 有实根的概率?

19. 调查表明某商店从早晨开始营业起直至第一个顾客到达的等待时间 X(单位: min) 服从参数为 0.4 的指数分布, 求下述事件的概率:

(1) X 至多 3 分钟;

(2) X 至少 4 分钟;

(3) X 在 3 分钟至 4 分钟之间;

(4) X 恰为 3 分钟?

20. 设 $X \sim N(0,1)$, 求下列事件的概率 $p(X \leqslant 2.35)$; $p(X \leqslant -1.24)$; $p(|X| \leqslant 1.54)$?

21. 设 $X \sim N(3,4)$, (1) 求 $p(2 < X \leqslant 5)$, $p(|X| > 2)$, $p(X > 3)$; (2) 确定 c, 使得 $p(X > c) = p(X \leqslant c)$; (3) 若 d 满足 $p(X > d) \geqslant 0.9$, 则 d 至多为多少?

22. 从甲地飞往乙地的航班, 每天上午 10:10 起飞, 飞行时间 X 服从均值为 4h, 标准差为 20 min 的正态分布.

(1) 该航班在下午 2:30 以后到达乙地的概率;

(2) 该航班在下午 2:20 以前到达乙地的概率;

(3) 该航班在下午 1:50 至 2:30 之间到达乙地的概率?

23. 某地抽样调查结果表明, 考生的外语成绩 (百分制) 近似地服从 $N(72,\sigma^2)$, 已知 96 分以上的人数占总数的 2.3%, 试求考生的成绩在 60 分至 84 分之间的概率?

24. 设随机变量 X 的分布列为

X	0	$\frac{\pi}{2}$	π
p	0.25	0.5	0.25

求 $Y = \cos X$ 的分布列?

25. 设随机变量 X 的分布列为

X	-2	-1	0	1	2
p	0.1	0.2	0.3	0.2	0.2

求 $Y = X^2$ 的分布列?

26. 设随机变量 X 的密度函数为

$$f_X(x) = \begin{cases} \frac{3}{2}x^2, & -1 < x < 1, \\ 0, & \text{其他}, \end{cases}$$

求随机变量 $Y = X + 3$ 的密度函数?

27. 设随机变量 $X \sim U(0,1)$, 求随机变量 $Y = \mathrm{e}^X$ 的密度函数?

28. 随机变量 X 的密度函数为

$$f_X(x) = \begin{cases} \mathrm{e}^{-x}, & x > 0, \\ 0, & x \leqslant 0, \end{cases}$$

求随机变量 $Y=X^2$ 的密度函数?

29. 设随机变量 $X\sim N(0,1)$, 试求随机变量 $Y=|X|$ 的密度函数?

B 组

1. 设随机变量 $X\sim N(\mu_1,\sigma_1^2)$, $Y\sim N(\mu_2,\sigma_2^2)$, 若 $p(|X-\mu_1|<1)>p(|Y-\mu_2|<1)$, 则必有 ( )

A. $\sigma_1<\sigma_2$; B. $\sigma_1>\sigma_2$; C. $\mu_1<\mu_2$; D. $\mu_1>\mu_2$.

2. 设随机变量 $X\sim N(1,\sigma^2)$, 其分布函数为 $F(x)$, 则对任意实数 x, 有 ( )

A. $F(x)+F(-x)=1$; B. $F(1+x)+F(1-x)=1$;

C. $F(x+1)+F(x-1)=1$; D. $F(1-x)+F(x-1)=1$.

3. 设随机变量 X 服从指数分布, 则随机变量 $Y=\min\{X,2\}$ 的分布函数 ( )

A. 是连续函数; B. 至少有两个间断点;

C. 是阶梯函数; D. 恰好有一个间断点.

4. 设随机变量 $X\sim f(x)=\frac{1}{2}\mathrm{e}^{-|x|}(-\infty<x<+\infty)$, 则其分布函数 $F(x)$ 为 ( )

A. $F(x)=\begin{cases}\dfrac{1}{2}\mathrm{e}^{x}, & x<0,\\ 1, & x\geqslant 0;\end{cases}$ B. $F(x)=\begin{cases}\dfrac{1}{2}\mathrm{e}^{x}, & x<0,\\ 1-\dfrac{1}{2}\mathrm{e}^{-x}, & x\geqslant 0;\end{cases}$

C. $F(x)=\begin{cases}1-\dfrac{1}{2}\mathrm{e}^{-x}, & x<0,\\ 1, & x\geqslant 0;\end{cases}$ D. $F(x)=\begin{cases}\dfrac{1}{2}\mathrm{e}^{x}, & x<0,\\ 1-\dfrac{1}{2}\mathrm{e}^{-x}, & 0\leqslant x<1,\\ 1, & x\geqslant 1.\end{cases}$

5. 设连续型随机变量 X 的密度函数 $f(x)$ 是一个偶函数, $F(x)$ 为其分布函数, 则对任意实数 x, 有 $F(-x)+F(x)=$ ( )

A. 0; B. 1; C. 2; D. -1.

6. 设随机变量 $X\sim f(x)$ 且 $f(x)=f(-x)$, $F(x)$ 为其分布函数, 则对任意实数 a 都成立的是 ( )

A. $F(-a)=1-\displaystyle\int_0^a f(x)\mathrm{d}x$; B. $F(-a)=\dfrac{1}{2}-\displaystyle\int_0^a f(x)\mathrm{d}x$;

C. $F(-a)=F(a)$; D. $F(-a)=2F(a)-1$.

7. 设连续型随机变量 X 的分布函数为 $F(x)$, 密度函数为 $f(x)$, 且 X 与 $-X$ 有相同的分布函数, 则 ( )

A. $F(x)=F(-x)$; B. $F(x)=-F(-x)$;

C. $f(x)=f(-x)$; D. $f(x)=-f(-x)$.

8. 设随机变量 $X\sim N(0,1)$, 若 $p(X>a)=\alpha(a>0)$, 则 $p(|X|<a)=$ ( )

A. $1-\alpha$; B. $1-\dfrac{\alpha}{2}$; C. $1-2\alpha$; D. $\dfrac{1}{2}-\alpha$.

9. 设随机变量 $X\sim f(x)=\begin{cases}2x, & 0<x<1,\\ 0, & \text{其他},\end{cases}$. 则随机变量 $Y=X^2$ 的分布为 ( )

A. 区间 $(0,2)$ 上的均匀分布; B. 参数为 1 的指数分布;

C. 区间 $(0,1)$ 上的均匀分布; D. 参数为 2 的指数分布.

10. 设随机变量 X 的分布函数为

$$F(x)=\begin{cases}0, & x<-1,\\ a, & -1\leqslant x<1,\\ \dfrac{2}{3}-a, & 1\leqslant x<2,\\ a+b, & x\geqslant 2\end{cases}$$

且 $p(X=2)=\dfrac{1}{2}$, 求常数 a, b?

11. 设随机变量 X 的分布列为

X	1	2	3
p	0.5	$1-2a$	a^2

求常数 a?

12. 口袋中有 5 个球, 编号为 1, 2, 3, 4, 5, 从中任取 3 个, 以 X 表示取出的 3 个球中的最大号码.

(1) 求 X 的分布列;

(2) 求 X 的分布函数?

13. 设随机变量 X 的密度函数为

$$f(x)=C\mathrm{e}^{-\frac{|x|}{a}}\quad(a>0),$$

求 (1) 常数 C; (2) X 的分布函数; (3) $p(|X|<2)$?

14. 设随机变量 X 的密度函数为

$$f(x)=\begin{cases}2x, & 0\leqslant x\leqslant 1,\\ 0, & \text{其他},\end{cases}$$

以 Y 表示对 X 的三次独立重复观察中事件 $\left\{X\leqslant\dfrac{1}{2}\right\}$ 出现的次数, 求 $P(Y=2)$?

15. 设顾客在某银行的窗口等待服务的时间 X(单位: min) 服从指数分布, 其密度函数为

$$f(x)=\begin{cases}\dfrac{1}{5}\mathrm{e}^{-\frac{x}{5}}, & x>0,\\ 0, & x\leqslant 0,\end{cases}$$

某顾客在窗口等待服务, 若超过 10 min 他就离开. 他一个月要到银行 5 次, 以 Y 表示一个月内他未等到服务而离开窗口的次数, 求 $p(Y\geqslant 1)$?

16. 设随机变量 $X\sim N(2,\sigma^2)$ 且 $p(2<X<4)=0.3$, 求 $p(X<0)$?

17. 设随机变量 X 的分布函数为 $F(x)$, 试求随机变量 $Y=F(X)$ 的密度函数?

18. 某公司准备通过考试招工 300 名, 其中 280 名正式工, 20 名临时工. 实际报考人数为 1657 名. 报名者考试成绩 $X\sim N(\mu,\sigma^2)$, 考试满分 400 分. 考后不久, 通过当地新闻媒体得到如下信息:

考试平均成绩是 166 分, 360 分以上的高分考生 31 名. 某考生 A 的成绩为 256 分. 问他能否被录取? 若被录取, 能否是正式工?

第 3 章　二维随机变量及其分布

在很多随机试验中, 通常会涉及两个或两个以上的随机变量. 例如, 在向某一目标进行射击时, 考虑弹着点的位置就需要用横坐标 X 和纵坐标 Y 两个随机变量来加以描述; 在考虑学生的综合素质时就需要用德 X_1, 智 X_2, 体 X_3, 能 X_4 四个随机变量来加以描述等.

一般来说, 描述同一随机试验的多个随机变量之间是有联系的, 因此, 我们除了研究每个随机变量的概率分布, 还需研究这些随机变量之间的关系, 也就是说, 需把它们看作一个整体加以研究. 在本章中, 我们仅讨论二维随机变量, 多于二维的情形可类似进行.

3.1　二维随机变量及其分布

3.1.1　二维随机变量及其分布函数

定义 3.1　设 X, Y 是定义在同一样本空间 Ω 上的两个随机变量, 则称二元组 (X,Y) 为**二维随机变量**或**二维随机向量**.

二维随机变量 (X,Y) 的取值常用小写字母 (x,y) 表示. 类似一维情形, 可以借助分布函数来研究二维随机变量.

定义 3.2　设 (X,Y) 为二维随机变量, 对于任意的实数 x, y, 称二元函数

$$F(x,y)=p(X\leqslant x,Y\leqslant y)$$

为二维随机变量 (X,Y) 的**分布函数**, 或称随机变量 X 和 Y 的**联合分布函数**.

分布函数 $F(x,y)$ 表示事件 $(X\leqslant x)$ 和事件 $(Y\leqslant y)$ 同时发生的概率. 如果把 (X,Y) 看作平面上随机点的坐标, 则分布函数 $F(x,y)$ 在 (x_0,y_0) 处的函数值 $F(x_0,y_0)$ 表示随机点 (X,Y) 落入平面上 (x_0,y_0) 点的左下方区域的概率, 如图 3.1 所示.

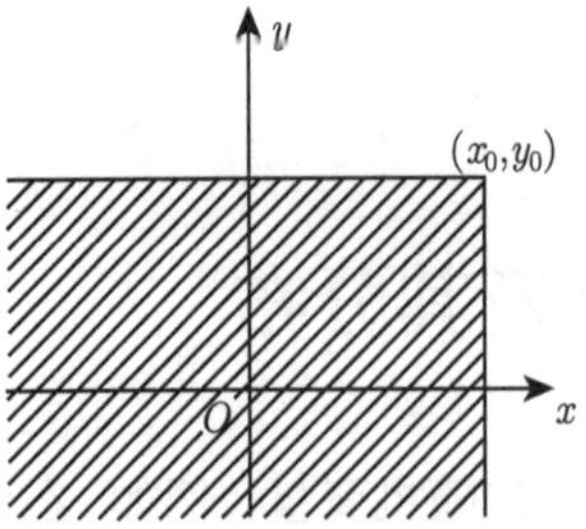

图 3.1

由二维随机变量分布函数的定义, 容易得出联合分布函数的四条基本性质.

定理 3.1　任一二维随机变量的分布函数 $F(x,y)$ 都有如下基本性质:

(1) **单调性**　$F(x,y)$ 分别是 x 和 y 的单调不减函数. 即

对任意固定的 x, 当 $y_1 < y_2$ 时, $F(x,y_1) \leqslant F(x,y_2)$;

对任意固定的 y, 当 $x_1 < x_2$ 时, $F(x_1,y) \leqslant F(x_2,y)$.

(2) **有界性**　对任意实数 x, y, 有 $0 \leqslant F(x,y) \leqslant 1$, 且

$$F(-\infty,y) = F(x,-\infty) = F(-\infty,-\infty) = 0;$$

$$F(+\infty,+\infty) = 1.$$

(3) **右连续性**　$F(x,y)$ 关于 x 或 y 均为右连续的. 即

对任意固定的 x, $F(x,y_0+0) = F(x,y_0)$;

对任意固定的 y, $F(x_0+0,y) = F(x_0,y)$.

(4) **非负性**　对于任意 $x_1 < x_2$, $y_1 < y_2$, 有

$$\begin{aligned}&F(x_2,y_2) - F(x_1,y_2) - F(x_2,y_1) + F(x_1,y_1)\\=&p(x_1 < X \leqslant x_2, y_1 < Y \leqslant y_2) \geqslant 0.\end{aligned}$$

凡具有上述四条性质的二元实函数一定是某个二维随机变量 (X,Y) 的分布函数.

3.1.2　二维离散型随机变量

定义 3.3　若二维随机变量 (X,Y) 的可能取值只有有限个或可列个数对 (x_i,y_j), 则称 (X,Y) 为**二维离散型随机变量**, 称

$$p_{ij} = p(X = x_i, Y = y_j) \quad (i,j = 1,2,\cdots)$$

为 (X,Y) 的**分布列**, 或 X 和 Y 的**联合分布列**.

(X,Y) 的联合分布列也可用表格形式表示如下.

$X \backslash Y$	y_1	y_2	$\cdots$	y_j	$\cdots$
x_1	p_{11}	p_{12}	$\cdots$	p_{1j}	$\cdots$
x_2	p_{21}	p_{22}	$\cdots$	p_{2j}	$\cdots$
$\vdots$	$\vdots$	$\vdots$		$\vdots$	$\vdots$
x_i	p_{i1}	p_{i2}	$\cdots$	p_{ij}	$\cdots$
$\vdots$	$\vdots$	$\vdots$	$\vdots$	$\vdots$	$\vdots$

显然, 分布列具有如下基本性质:

(1) **非负性** $p_{ij} \geqslant 0(i,j=1,2,\cdots)$;

(2) **正则性** $\sum\limits_i \sum\limits_j p_{ij} = 1$.

凡具有上述两条性质的 $p_{ij}(i,j=1,2,\cdots)$ 一定是某个二维离散型随机变量 (X,Y) 的分布列.

求二维离散型随机变量 (X,Y) 的分布列的步骤如下:

(1) 确定随机变量 (X,Y) 的所有可能取值对 (x_i,y_j);

(2) 计算每对取值点的概率 $p_{ij}=p(X=x_i,Y=y_j)$.

联合分布列不仅比联合分布函数更加直观, 而且能够更方便地确定 (X,Y) 的取值落入任何区域 D 的概率, 事实上, 有

$$p((X,Y)\in D)=\sum_{(x_i,y_j)\in D} p(X=x_i,Y=y_j)=\sum_{(x_i,y_j)\in D} p_{ij}.$$

特别地, 由联合分布列可以确定联合分布函数

$$F(x,y)=p(X\leqslant x,Y\leqslant y)=\sum_{x_i\leqslant x,y_j\leqslant y} p(X=x_i,Y=y_j)=\sum_{x_i\leqslant x,y_j\leqslant y} p_{ij}.$$

例 3.1 一口袋中有三个球, 它们分别标有数字 1, 2, 2. 从袋中任取一球后, 再从袋中任取一球. 设每次取球时, 袋中各个球被取到的可能性相同. 以 X, Y 分别记第一次、第二次取得的球上标有的数字. 在以下两种取球方式下求 (X,Y) 的分布列?

(1) 第一次取出的球不放回袋中;

(2) 第一次取出的球放回袋中?

解 (1) (X,Y) 的可能取值为 $(1,2)$, $(2,1)$, $(2,2)$, 各取值的概率为

$$p(X=1,Y=2)=\frac{1\times 2}{3\times 2}=\frac{1}{3},\quad p(X=2,Y=1)=\frac{2\times 1}{3\times 2}=\frac{1}{3},$$

$$p(X=2,Y=2)=\frac{2\times 1}{3\times 2}=\frac{1}{3}.$$

所以 (X, Y) 的分布列为

$X \backslash Y$	1	2
1	0	1/3
2	1/3	1/3

(2) (X, Y) 的可能取值为 $(1,1)$, $(1,2)$, $(2,1)$, $(2,2)$, 概率为

$$p(X=1, Y=1)=\frac{1\times 1}{3\times 3}=\frac{1}{9},\quad p(X=1, Y=2)=\frac{1\times 2}{3\times 3}=\frac{2}{9},$$

$$p(X=2, Y=1)=\frac{2\times 1}{3\times 3}=\frac{2}{9},\quad p(X=2, Y=2)=\frac{2\times 2}{3\times 3}=\frac{4}{9}.$$

所以 (X, Y) 的分布列为

$X \backslash Y$	1	2
1	1/9	2/9
2	2/9	4/9

例 3.2　设 (X, Y) 的分布列由下表给出, 求 $p(X\neq 0, Y=0)$, $p(X=Y)$, $p(X\leqslant 0, Y\leqslant 0)$, $p(|X|=|Y|)$?

$X \backslash Y$	−1	0	2
0	0.1	0.2	0
1	0.3	0.05	0.1
2	0.15	0	0.1

解　$p(X\neq 0, Y=0)=p(X=1, Y=0)+p(X=2, Y=0)=0.05+0=0.05;$

$$p(X=Y)=p(X=0, Y=0)+p(X=2, Y=2)=0.2+0.1=0.3;$$

$$p(X\leqslant 0, Y\leqslant 0)=p(X=0, Y=-1)+p(X=0, Y=0)=0.1+0.2=0.3;$$

$$\begin{aligned}p(|X|=|Y|)&=p(X=0, Y=0)+p(X=1, Y=-1)+p(X=2, Y=2)\\&=0.2+0.3+0.1=0.6.\end{aligned}$$

3.1.3　二维连续型随机变量

定义 3.4　设二维随机变量 (X, Y) 的分布函数为 $F(x, y)$, 若存在一个非负可积二元函数 $f(x, y)$, 使得对任意实数 x, y, 有

$$F(x, y)=\int_{-\infty}^{x}\int_{-\infty}^{y} f(s, t)\mathrm{d}s\mathrm{d}t,$$

则称 (X,Y) 为**二维连续型随机变量**, 称 $f(x,y)$ 为 (X,Y) 的**联合密度函数**, 简称为**密度函数**.

显然, 二维连续型随机变量的密度函数具有如下基本性质:

(1) **非负性** $f(x,y) \geqslant 0$;

(2) **正则性** $\int_{-\infty}^{+\infty}\int_{-\infty}^{+\infty} f(x,y)\mathrm{d}x\mathrm{d}y = 1$.

凡具有上述两条性质的 $f(x,y)$ 一定是某个二维连续型随机变量 (X,Y) 的密度函数.

注 (1) 点 (X,Y) 落入平面区域 D 内的概率为

$$p((X,Y)\in D) = \iint_D f(x,y)\mathrm{d}x\mathrm{d}y;$$

(2) 在 $f(x,y)$ 的连续点处, 有 $f(x,y) = \dfrac{\partial^2 F(x,y)}{\partial x \partial y}$.

例 3.3 设二维连续型随机变量 (X,Y) 的联合密度函数为

$$f(x,y) = \begin{cases} C\mathrm{e}^{-(x+y)}, & x>0, y>0, \\ 0, & \text{其他}, \end{cases}$$

求: (1) 常数 C; (2) $p(X \leqslant 3)$?

解 (1) 由于

$$\int_0^{+\infty}\int_0^{+\infty} C\mathrm{e}^{-(x+y)}\mathrm{d}x\mathrm{d}y = C,$$

根据正则性可得

$$C = 1;$$

(2) $p(X \leqslant 3) = \iint\limits_{x\leqslant 3} f(x,y)\mathrm{d}x\mathrm{d}y = \int_0^{+\infty}\left(\int_0^3 \mathrm{e}^{-(x+y)}\mathrm{d}x\right)\mathrm{d}y = 1-\mathrm{e}^{-3}$.

以下介绍两种常见的二维连续型随机变量.

1. 二维均匀分布

若二维随机变量 (X,Y) 的联合密度函数为

$$f(x,y) = \begin{cases} \dfrac{1}{S_G}, & (x,y)\in G, \\ 0, & \text{其他}, \end{cases}$$

其中 G 为平面上某个有界区域, S_G 为区域 G 的面积, 则称二维随机变量 (X,Y) 服从区域 G 上的**均匀分布**.

若 (X,Y) 等可能地取到有界平面区域 G 内的任一点, 则二维随机变量 (X,Y) 服从区域 G 上的均匀分布.

2. 二维正态分布

若二维随机变量 (X,Y) 的联合密度函数为

$$f(x,y)=\frac{1}{2\pi\sigma_1\sigma_2\sqrt{1-\rho^2}}\mathrm{e}^{-\frac{1}{2(1-\rho^2)}\left[\frac{(x-\mu_1)^2}{\sigma_1^2}-2\rho\frac{(x-\mu_1)(y-\mu_2)}{\sigma_1\sigma_2}+\frac{(y-\mu_2)^2}{\sigma_2^2}\right]}\quad(-\infty<x,y<+\infty),$$

其中 $-\infty<\mu_1<+\infty$, $-\infty<\mu_2<+\infty$, $\sigma_1>0$, $\sigma_2>0$, $-1<\rho<1$ 为常数, 称 (X,Y) 服从参数为 μ_1, μ_2, σ_1, σ_2, ρ 的**二维正态分布**, 记为 $(X,Y)\sim N(\mu_1,\mu_2,\sigma_1^2,\sigma_2^2,\rho)$.

3.2 边 际 分 布

3.2.1 边际分布函数

设二维随机变量 (X,Y) 的联合分布函数为 $F(x,y)$, 称

$$F_X(x)=p(X\leqslant x)=p(X\leqslant x,Y<+\infty)=F(x,+\infty)$$

为 X 的**边际分布函数**.

类似地, 关于 Y 的边际分布函数为

$$F_Y(y)=F(+\infty,y),$$

因此, X 和 Y 的边际分布函数由它们的联合分布函数唯一确定.

例 3.4 设二维随机变量 (X,Y) 的联合分布函数为

$$F(x,y)=\begin{cases}1-\mathrm{e}^{-x}-\mathrm{e}^{-y}+\mathrm{e}^{-x-y-\lambda xy}, & x>0,y>0,\\ 0, & \text{其他},\end{cases}$$

这个分布被称为**二维指数分布**, 求其边际分布?

解 由题意知

$$F_X(x)=F(x,+\infty)=\begin{cases}1-\mathrm{e}^{-x}, & x>0,\\ 0, & x\leqslant 0,\end{cases}$$

$$F_Y(y)=F(+\infty,y)=\begin{cases}1-\mathrm{e}^{-y}, & y>0,\\ 0, & y\leqslant 0.\end{cases}$$

注 X 与 Y 的边际分布都是一维指数分布, 且与参数 $\lambda>0$ 无关. 不同的 $\lambda>0$ 对应不同的二维指数分布, 但它们的两个边际分布不变, 这说明边际分布不能唯一确定联合分布.

3.2.2 边际分布列

设二维离散型随机变量 (X,Y) 的联合分布列为

$$p_{ij}=p(X=x_i,Y=y_j)\quad(i,j=1,2,\cdots),$$

称 $p_{i\cdot}=p(X=x_i)=\sum_j p_{ij}(i=1,2,\cdots)$ 为 X 的**边际分布列**.

类似地, 关于 Y 的边际分布列为

$$p_{\cdot j}=p(Y=y_j)=\sum_i p_{ij}\quad(j=1,2,\cdots).$$

因此, X 和 Y 的边际分布列由它们的联合分布列唯一确定.

联合分布列与边际分布列也可用表格形式表示如下.

X \ Y	y_1	y_2	$\cdots$	y_j	$\cdots$	
x_1	p_{11}	p_{12}	$\cdots$	p_{1j}	$\cdots$	$p_{1\cdot}$
x_2	p_{21}	p_{22}	$\cdots$	p_{2j}	$\cdots$	$p_{2\cdot}$
$\vdots$	$\vdots$	$\vdots$		$\vdots$	$\vdots$	$\vdots$
x_i	p_{i1}	p_{i2}	$\cdots$	p_{ij}	$\cdots$	$p_{i\cdot}$
$\vdots$	$\vdots$	$\vdots$	$\vdots$	$\vdots$	$\vdots$	$\vdots$
	$p_{\cdot 1}$	$p_{\cdot 2}$	$\cdots$	$p_{\cdot j}$	$\cdots$	

例 3.5 设 (X,Y) 的联合分布列为

X \ Y	-1	0	2
0	0.1	0.2	0
1	0.3	0.05	0.1
2	0.15	0	0.1

求 X 和 Y 的边际分布列?

解 在联合分布列表格中, 对每一行求和得 X 的边际分布列.

X	0	1	2
p	0.3	0.45	0.25

对联合分布列的每一列求和可得 Y 的边际分布列.

Y	-1	0	2
p	0.55	0.25	0.2

3.2.3 边际密度函数

设二维连续型随机变量 (X,Y) 的联合密度函数为 $f(x,y)$, $F_X(x)$ 为 X 的边际分布函数, 由 $F_X(x)=p(X\leqslant x)=p(X\leqslant x,Y<+\infty)$, 可得

$$F_X(x)=\int_{-\infty}^{+\infty}\int_{-\infty}^{x}f(s,t)\mathrm{d}s\mathrm{d}t=\int_{-\infty}^{x}\left[\int_{-\infty}^{+\infty}f(s,t)\mathrm{d}t\right]\mathrm{d}s,$$

记 $f_X(s)=\displaystyle\int_{-\infty}^{+\infty}f(s,t)\mathrm{d}t$, 则有

$$F_X(x)=\int_{-\infty}^{x}f_X(s)\mathrm{d}s.$$

上式表明, X 为连续型随机变量, 其密度函数为 $f_X(x)=\displaystyle\int_{-\infty}^{+\infty}f(x,y)\mathrm{d}y$.

同理可得, Y 为连续型随机变量, 其密度函数为 $f_Y(y)=\displaystyle\int_{-\infty}^{+\infty}f(x,y)\mathrm{d}x$.

分别称 $f_X(x)$ 和 $f_Y(y)$ 为 X 和 Y 的**边际密度函数**. 因此, X 和 Y 的边际密度函数由它们的联合密度函数唯一确定.

例 3.6 设二维随机变量 (X,Y) 的联合密度函数为

$$f(x,y)=\begin{cases}8xy, & 0\leqslant x\leqslant y\leqslant 1,\\ 0, & \text{其他},\end{cases}$$

求 X 和 Y 的边际密度函数?

解 设 X 和 Y 的边际密度函数分别为 $f_X(x)$ 和 $f_Y(y)$, 则

$$f_X(x)=\int_{-\infty}^{+\infty}f(x,y)\mathrm{d}y=\begin{cases}\displaystyle\int_x^1 8xy\mathrm{d}y, & 0<x<1,\\ 0, & \text{其他}\end{cases}=\begin{cases}4x(1-x^2), & 0<x<1,\\ 0, & \text{其他};\end{cases}$$

$$f_Y(y)=\int_{-\infty}^{+\infty}f(x,y)\mathrm{d}x=\begin{cases}\displaystyle\int_0^y 8xy\mathrm{d}x, & 0<y<1,\\ 0, & \text{其他}\end{cases}=\begin{cases}4y^3, & 0<y<1,\\ 0, & \text{其他}.\end{cases}$$

例 3.7 设二维随机变量 $(X,Y)\sim N(0,0,1,1,\rho)$, 试求 X 和 Y 的边际密度函数?

解 由于 $(X,Y)\sim N(0,0,1,1,\rho)$, (X,Y) 的联合密度函数为

$$\varphi(x,y)=\frac{1}{2\pi\sqrt{1-\rho^2}}\mathrm{e}^{-\frac{1}{2(1-\rho^2)}[x^2-2\rho xy+y^2]}.$$

X 的边际密度函数为

$$\begin{aligned}\varphi_X(x) &= \int_{-\infty}^{+\infty}\varphi(x,y)\mathrm{d}y = \int_{-\infty}^{+\infty}\frac{1}{2\pi\sqrt{1-\rho^2}}\mathrm{e}^{-\frac{1}{2(1-\rho^2)}[x^2-2\rho xy+y^2]}\mathrm{d}y\\ &= \int_{-\infty}^{+\infty}\frac{1}{2\pi\sqrt{1-\rho^2}}\mathrm{e}^{-\frac{x^2}{2}-\frac{(y-\rho x)^2}{2(1-\rho^2)}}\mathrm{d}y\\ &\xlongequal{\text{令}t=\frac{y-\rho x}{\sqrt{1-\rho^2}}}\frac{1}{2\pi}\mathrm{e}^{-\frac{x^2}{2}}\int_{-\infty}^{+\infty}\mathrm{e}^{-\frac{t^2}{2}}\mathrm{d}t = \frac{1}{\sqrt{2\pi}}\mathrm{e}^{-\frac{x^2}{2}}.\end{aligned}$$

上式表明 $X\sim N(0,1)$; 同理可得 Y 的边际密度函数为 $\varphi_Y(y)=\frac{1}{\sqrt{2\pi}}\mathrm{e}^{-\frac{y^2}{2}}$, 即 $Y\sim N(0,1)$.

一般地, 对于二维正态分布有如下定理.

定理 3.2　设 $(X,Y)\sim N(\mu_1,\mu_2,\sigma_1^2,\sigma_2^2,\rho)$, 则

$$X\sim N(\mu_1,\sigma_1^2),\quad Y\sim N(\mu_2,\sigma_2^2).$$

定理 3.2 表明, 二维正态分布的边际分布为一维正态分布, 且边际分布与参数 ρ 无关, 也就是说, 对于给定的参数 μ_1, μ_2, σ_1^2, σ_2^2, 当取不同的 ρ 时, 对应不同的二维正态分布, 但分量 X 或 Y 却服从相同的一维正态分布, 所以不同的二维正态分布可能有相同的边际分布, 从而联合分布不由边际分布唯一确定.

此外, 两个边际分布为正态分布的二维随机变量不一定是二维正态分布. 如 (X,Y) 的联合密度函数为

$$f(x,y)=\frac{1}{2\pi}\mathrm{e}^{-\frac{x^2+y^2}{2}}(1+\sin x\sin y)\quad(-\infty<x,y<+\infty).$$

容易证明 $X\sim N(0,1)$, $Y\sim N(0,1)$, 但 (X,Y) 不服从二维正态分布.

3.3　随机变量的独立性

随机变量的相互独立是概率统计中一个十分重要的概念. 两个随机变量相互独立, 直观地解释就是一个随机变量的取值对另一个随机变量取值的概率没有影响. 随机变量的独立性可借助于事件的独立性引出. 设 X, Y 是两个随机变量, 若对任意实数 x, y, 事件 $(X\leqslant x)$ 和 $(Y\leqslant y)$ 相互独立, 则称随机变量 X 和 Y 相互独立.

定义 3.5　设二维随机变量 (X,Y) 的联合分布函数为 $F(x,y)$, X 和 Y 的边际分布函数为 $F_X(x)$, $F_Y(y)$. 若对任意的实数 x, y, 有

$$F(x,y)=F_X(x)F_Y(y),$$

则称随机变量 X 和 Y **相互独立**

因此, 若 X 和 Y 相互独立, 则 (X,Y) 的联合分布可由边际分布唯一确定.

若 (X,Y) 为二维离散型随机变量, X 和 Y 相互独立有如下等价定义.

定义 3.6　(X,Y) 为二维离散型随机变量, 其所有可能取值为 $(x_i,y_j)(i,j=1,2,\cdots)$, 若对任意的取值 (x_i,y_j), 有

$$p(X=x_i,Y=y_j)=p(X=x_i)p(Y=y_j),$$

则称随机变量 X 和 Y **相互独立**.

若 (X,Y) 为二维连续型随机变量, X 和 Y 相互独立有如下等价定义.

定义 3.7　(X,Y) 为二维连续型随机变量, 其联合密度函数为 $f(x,y)$, X 和 Y 的边际密度函数分别为 $f_X(x)$, $f_Y(y)$. 若对任意的取值 (x,y), 有

$$f(x,y)=f_X(x)f_Y(y),$$

则称随机变量 X 和 Y **相互独立**.

更一般地, 我们有如下结果.

定理 3.3　若随机变量 X 与 Y 相互独立, 则对任意函数 $g(x)$, $h(y)$, 有 $g(X)$, $h(Y)$ 相互独立.

例 3.8　例 3.1 中, 在无放回情形下, (X,Y) 的联合分布列为

X \ Y	1	2
1	0	1/3
2	1/3	1/3

X 和 Y 的边际分布列为

X	1	2
p	1/3	2/3
Y	1	2
p	1/3	2/3

因为 $p(X=1,Y=1)=0\neq p(X=1)p(Y=1)=1/9$, 故无放回情形下 X 和 Y 不独立.

在有放回情形下, (X,Y) 的联合分布列为

X \ Y	1	2
1	1/9	2/9
2	2/9	4/9

X 和 Y 的边际分布列为

X	1	2
p	1/3	2/3
Y	1	2
p	1/3	2/3

因为对任意的 x_i, $y_j(i,j=1,2)$, 均有 $p(X=x_i,Y=y_j)=p(X=x_i)p(Y=y_j)$, 故有放回情形下 X 和 Y 相互独立.

例 3.9 若二维随机变量 $(X,Y)\sim N(\mu_1,\mu_2,\sigma_1^2,\sigma_2^2,\rho)$, 则 X 与 Y 相互独立的充分必要条件为 $\rho=0$.

证明 充分性: 由于 $\rho=0$, 故 (X,Y) 的联合密度函数为

$$f(x,y)=\frac{1}{2\pi\sigma_1\sigma_2}\mathrm{e}^{-\frac{1}{2}\left(\frac{(x-\mu_1)^2}{\sigma_1^2}+\frac{(y-\mu_2)^2}{\sigma_2^2}\right)},$$

而边际密度函数为

$$f_X(x)=\frac{1}{\sqrt{2\pi}\sigma_1}\mathrm{e}^{-\frac{(x-\mu_1)^2}{2\sigma_1^2}},\quad f_Y(y)=\frac{1}{\sqrt{2\pi}\sigma_2}\mathrm{e}^{-\frac{(y-\mu_2)^2}{2\sigma_2^2}},$$

所以 $f(x,y)=f_X(x)f_Y(y)$, 即 X 与 Y 独立.

必要性: 因 X 与 Y 相互独立, 所以对任意实数 x, y, 均有

$$f(x,y)=f_X(x)f_Y(y).$$

取 $x=\mu_1$, $y=\mu_2$ 得

$$\frac{1}{2\pi\sigma_1\sigma_2\sqrt{1-\rho^2}}=f(\mu_1,\mu_2)=f_X(\mu_1)f_Y(\mu_2)=\frac{1}{\sqrt{2\pi}\sigma_1}\frac{1}{\sqrt{2\pi}\sigma_2},$$

从而 $\rho=0$.

3.4 二维随机变量函数的分布

3.4.1 二维离散型随机变量函数的分布

设 (X,Y) 为二维离散型随机变量, $g(x,y)$ 是一个二元函数, 则 $g(X,Y)$ 作为 (X,Y) 的函数是一维离散型随机变量, 若 (X,Y) 的分布列为

$$p_{ij}=p(X=x_i,Y=y_j)\quad(i,j=1,2,\cdots),$$

二维离散随机变量函数的分布的求法:

(1) 对 (X,Y) 的各种可能取值对, 求出 $g(X,Y)$ 相应的取值;

(2) 对 $g(X,Y)$ 的相同的取值, 合并其对应的概率.

例 3.10　设 (X,Y) 的联合分布列为

$X \backslash Y$	-1	0	2
0	0.1	0.2	0
1	0.3	0.05	0.1
2	0.15	0	0.1

求: (1) $Z_1 = X + Y$ 的分布列; (2) $Z_2 = XY$ 的分布列; (3) $Z_3 = \max\{X,Y\}$ 的分布列?

解　由 (X,Y) 的联合分布列可知

(X,Y)	$(0,-1)$	$(0,0)$	$(0,2)$	$(1,-1)$	$(1,0)$	$(1,2)$	$(2,-1)$	$(2,0)$	$(2,2)$
p_{ij}	0.1	0.2	0	0.3	0.05	0.1	0.15	0	0.1
$Z_1 = X+Y$	-1	0	2	0	1	3	1	2	4
$Z_2 = XY$	0	0	0	-1	0	2	-2	0	4
$Z_3 = \max\{X,Y\}$	0	0	2	1	1	2	2	2	2

于是 (1) $Z_1 = X + Y$ 的分布列为

$Z_1 = X+Y$	-1	0	1	3	4
p	0.1	0.5	0.2	0.1	0.1

(2) $Z_2 = XY$ 的分布列为

$Z_2 = XY$	-2	-1	0	2	4
p	0.15	0.3	0.35	0.1	0.1

(3) $Z_3 = \max\{X,Y\}$ 的分布列为

$Z_3 = \max\{X,Y\}$	0	1	2
p	0.3	0.35	0.35

例 3.11　设 $X \sim P(\lambda_1)$, $Y \sim P(\lambda_2)$, 且 X 与 Y 相互独立, 试证

$$Z = X + Y \sim P(\lambda_1 + \lambda_2).$$

证明　由题意知, Z 的所有可能取值为 $0, 1, 2, \cdots$, 而

$$p(Z=k) = p(X+Y=k) = \sum_{i=0}^{k} p(X=i, Y=k-i) = \sum_{i=0}^{k} \frac{\lambda_1^i}{i!}\mathrm{e}^{-\lambda_1}\frac{\lambda_2^{k-i}}{(k-i)!}\mathrm{e}^{-\lambda_2}$$

$$= \mathrm{e}^{-(\lambda_1+\lambda_2)} \frac{1}{k!} \sum_{i=0}^{k} \frac{k!}{i!(k-i)!} \lambda_1^i \lambda_2^{k-i} = \frac{(\lambda_1+\lambda_2)^k}{k!} \mathrm{e}^{-(\lambda_1+\lambda_2)}.$$

故 $Z = X + Y \sim P(\lambda_1 + \lambda_2)$.

类似地, 我们可以得到如下结果.

若 $X \sim b(n,p)$, $Y \sim b(m,p)$, 且 X 与 Y 相互独立, 则

$$Z = X + Y \sim b(n+m, p).$$

3.4.2 最大值与最小值的分布

例 3.12 (最大值分布) 设 $X_i \sim F_i(x)(i = 1,2)$ 是两个独立的随机变量, 试求 $Y = \max\{X_1, X_2\}$ 的分布?

解 Y 的分布函数为

$$\begin{aligned} F_Y(y) &= p(\max\{X_1, X_2\} \leqslant y) = p(X_1 \leqslant y, X_2 \leqslant y) \\ &= p(X_1 \leqslant y)p(X_2 \leqslant y) = F_1(y)F_2(y). \end{aligned}$$

例 3.13 (最小值分布) 设$X_i \sim F_i(x)(i = 1,2)$ 是两个独立的随机变量, 试求 $Y = \min\{X_1, X_2\}$ 的分布?

解 Y 的分布函数为

$$\begin{aligned} F_Y(y) &= p(\min\{X_1, X_2\} \leqslant y) = 1 - p(\min\{X_1, X_2\} > y) \\ &= 1 - p(X_1 > y, X_2 > y) = 1 - p(X_1 > y)p(X_2 > y) \\ &= 1 - (1 - F_1(y))(1 - F_2(y)). \end{aligned}$$

3.4.3 二维连续型随机变量函数的分布

设 (X,Y) 为二维连续型随机变量, 其密度函数为 $f(x,y)$, 记 $g(x,y)$ 是一个二元连续函数, 则 $g(X,Y)$ 作为 (X,Y) 的函数是一维随机变量. 类似于求一元随机变量函数分布的方法可以求 $Z = g(X,Y)$ 的分布.

(1) 先求 Z 的分布函数 $F_Z(s)$.

$$F_Z(s) = p(Z \leqslant s) = p(g(X,Y) \leqslant s) = p((X,Y) \in D_s) = \iint\limits_{D_s} f(x,y)\mathrm{d}x\mathrm{d}y,$$

其中 $D_s = \{(x,y) | g(x,y) \leqslant s\}$.

(2) 将 $F_Z(s)$ 求导即可得 Z 的密度函数.

定理 3.4　设 X 与 Y 是两个相互独立的连续随机变量, 其密度函数分别为 $f_X(x)$, $f_Y(y)$, 则 $Z=X+Y$ 的密度函数为

$$f_Z(s)=\int_{-\infty}^{+\infty} f_X(s-y)f_Y(y)\mathrm{d}y \text{ 或 } f_Z(s)=\int_{-\infty}^{+\infty} f_X(x)f_Y(s-x)\mathrm{d}x.$$

证明　$Z=X+Y$ 的分布函数为

$$\begin{aligned}F_Z(s)=p(X+Y\leqslant s)&=\iint\limits_{x+y\leqslant s} f_X(x)f_Y(y)\mathrm{d}x\mathrm{d}y\\&=\int_{-\infty}^{+\infty}\left[f_Y(y)\int_{-\infty}^{s-y} f_X(x)\mathrm{d}x\right]\mathrm{d}y\\&=\int_{-\infty}^{+\infty}F_X(s-y)f_Y(y)\mathrm{d}y,\end{aligned}$$

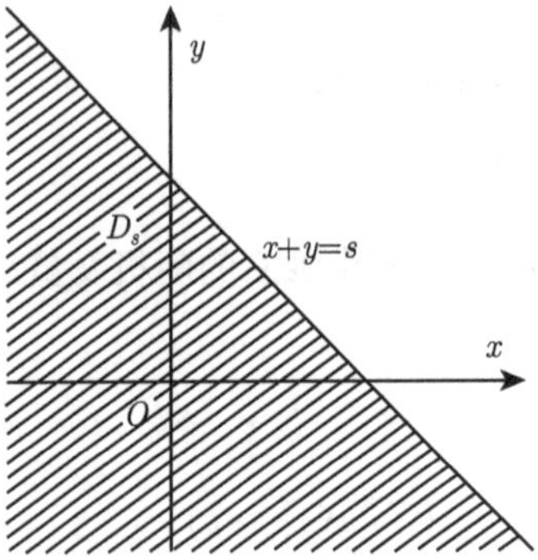

图 3.2

其中区域 $x+y\leqslant s$ 如图 3.2 所示. 于是 Z 的密度函数

$$f_Z(s)=\frac{\mathrm{d}}{\mathrm{d}s}F_Z(s)=\int_{-\infty}^{+\infty} f_X(s-y)f_Y(y)\mathrm{d}y.$$

同理可得

$$f_Z(s)=\int_{-\infty}^{+\infty} f_X(x)f_Y(s-x)\mathrm{d}x.$$

上式又称为 $f_X(x)$ 和 $f_Y(y)$ 的**卷积**.

本定理的结果就是连续场合下的卷积公式.

若同一类分布的独立随机变量和的分布仍是此类分布, 则称此类分布具有**可加性**.

例 3.14　设 $X\sim N(0,1)$, $Y\sim N(0,1)$, 且相互独立, 试求 $Z=X+Y$ 的密度函数?

解　Z 的密度函数

$$\begin{aligned}f_Z(s)&=\int_{-\infty}^{+\infty} f_X(x)f_Y(s-x)\mathrm{d}x=\frac{1}{2\pi}\int_{-\infty}^{+\infty}\mathrm{e}^{-\frac{x^2}{2}}\mathrm{e}^{-\frac{(s-x)^2}{2}}\mathrm{d}x\\&=\frac{1}{2\pi}\mathrm{e}^{-\frac{s^2}{4}}\int_{-\infty}^{+\infty}\mathrm{e}^{-\left(x-\frac{s}{2}\right)^2}\mathrm{d}x \xlongequal{\text{令}u=\sqrt{2}\left(x-\frac{s}{2}\right)} \frac{1}{2\pi\sqrt{2}}\mathrm{e}^{-\frac{s^2}{4}}\int_{-\infty}^{+\infty}\mathrm{e}^{-\frac{u^2}{2}}\mathrm{d}u\\&=\frac{1}{\sqrt{2\pi}\sqrt{2}}\mathrm{e}^{-\frac{s^2}{2(\sqrt{2})^2}}.\end{aligned}$$

即 Z 服从正态分布 $N(0,2)$.

事实上, 利用卷积公式, 我们可以得到下面的结果.

(1) 若 $X \sim N(\mu_1,\sigma_1^2)$, $Y \sim N(\mu_2,\sigma_2^2)$, 且相互独立, 则

$$Z = X \pm Y \sim N(\mu_1 \pm \mu_2, \sigma_1^2 + \sigma_2^2).$$

(2) 若 $X \sim Ga(\alpha_1,\lambda)$, $Y \sim Ga(\alpha_2,\lambda)$, 且相互独立, 则

$$Z = X + Y \sim Ga(\alpha_1 + \alpha_2, \lambda).$$

(3) 若 $X \sim \chi^2(m)$, $Y \sim \chi^2(n)$, 且相互独立, 则

$$Z = X + Y \sim \chi^2(m+n).$$

*3.5 条 件 分 布

在 3.3 节讨论了随机变量的独立性, 事实上, 相互独立是随机变量之间的一种特殊的关系. 但许多情况下, 随机变量之间并不独立, 也即随机变量之间存在某种联系, 本节将讨论的条件分布, 在某种程度上可以刻画随机变量之间的联系.

若 $p(A) > 0$, 我们知道在事件 A 发生的条件下事件 B 发生的条件概率定义为

$$p(B|A) = \frac{p(AB)}{p(A)},$$

以事件的条件概率为基础, 可以定义随机变量的条件分布.

*3.5.1 离散型随机变量的条件分布

定义 3.8 设 (X,Y) 为二维离散型随机变量, 其分布列为

$$p_{ij} = p(X = x_i, Y = y_j) \quad (i,j = 1,2,\cdots).$$

X 和 Y 的边际分布列分别为

$$p_{i\cdot} = p(X = x_i) = \sum_j p_{ij} \quad (i = 1,2,\cdots),$$

$$p_{\cdot j} = p(Y = y_j) = \sum_i p_{ij} \quad (j = 1,2,\cdots);$$

对固定的 j, 若 $p_{\cdot j} > 0$, 则称

$$p(X = x_i|Y = y_j) = \frac{p(X = x_i, Y = y_j)}{p(Y = y_j)} = \frac{p_{ij}}{p_{\cdot j}} \quad (i = 1,2,\cdots)$$

为在 $Y=y_j$ 条件下随机变量 X 的**条件分布列**, 简称为**条件分布列**. 对固定的 i, 若 $p_{i\cdot}>0$, 则称

$$p(Y=y_j|X=x_i)=\frac{p(X=x_i,Y=y_j)}{p(X=x_i)}=\frac{p_{ij}}{p_{i\cdot}}\quad(j=1,2,\cdots)$$

为在 $X=x_i$ 条件下随机变量 Y 的**条件分布列**.

显然, 条件分布列具有两条性质:

(1) $p(X=x_i|Y=y_j)\geqslant 0\ (i=1,2,\cdots)$;

(2) $\sum\limits_i p(X=x_i|Y=y_j)=1\ (j=1,2,\cdots)$.

例 3.15　设二维随机变量 (X,Y) 的联合分布列为

X \ Y	-1	0	2
0	0.1	0.2	0
1	0.3	0.05	0.1
2	0.15	0	0.1

求 Y 的条件分布?

解　X 的边际分布列为

X	0	1	2
p	0.3	0.45	0.25

$$p(Y=-1|X=0)=\frac{0.1}{0.3}=\frac{1}{3},\quad p(Y=0|X=0)=\frac{0.2}{0.3}=\frac{2}{3},$$

$$p(Y=2|X=0)=\frac{0}{0.3}=0.$$

所以, $X=0$ 条件下随机变量 Y 的条件分布为

$Y\|X=0$	-1	0	2
p	1/3	2/3	0

同理可得, $X=1$ 条件下随机变量 Y 的条件分布为

$Y\|X=1$	-1	0	2
p	2/3	1/9	2/9

$X=2$ 条件下随机变量 Y 的条件分布为

$Y\|X=2$	-1	0	2
p	3/5	0	2/5

3.5.2 连续型随机变量的条件密度函数

定义 3.9 设二维连续型随机变量 (X,Y) 的联合密度函数为 $f(x,y)$, Y 的边际密度函数为 $f_Y(y)$. 若 $f_Y(y)>0$, 则称

$$f(x|y)=\frac{f(x,y)}{f_Y(y)}$$

为在条件 $Y=y$ 下 X 的**条件密度函数**.

条件密度函数具有两条性质:

(1) $f(x|y)\geqslant 0$;

(2) $\int_{-\infty}^{+\infty} f(x|y)\mathrm{d}x=1$.

类似可得, 在条件 $X=x$ 下 Y 的条件密度函数为

$$f(y|x)=\frac{f(x,y)}{f_X(x)}.$$

例 3.16 设 $(X,Y)\sim N(0,0,1,1,\rho)$, 求 X 的条件密度函数 $f(x|y)$?

解 由于 $(X,Y)\sim N(0,0,1,1,\rho)$, 所以 (X,Y) 的联合密度函数为

$$f(x,y)=\frac{1}{2\pi\sqrt{1-\rho^2}}\mathrm{e}^{-\frac{1}{2(1-\rho^2)}[x^2-2\rho xy+y^2]}\quad(-\infty<x,y<+\infty).$$

又由 $Y\sim N(0,1)$, 可得 Y 的边际密度函数为

$$f_Y(y)=\frac{1}{\sqrt{2\pi}}\mathrm{e}^{-\frac{y^2}{2}}\quad(-\infty<y<+\infty).$$

所以有

$$\begin{aligned}f(x|y)=\frac{f(x,y)}{f_Y(y)}&=\frac{\frac{1}{2\pi\sqrt{1-\rho^2}}\mathrm{e}^{-\frac{1}{2(1-\rho^2)}[x^2-2\rho xy+y^2]}}{\frac{1}{\sqrt{2\pi}}\mathrm{e}^{-\frac{y^2}{2}}}\\&=\frac{1}{\sqrt{2\pi}\sqrt{1-\rho^2}}\mathrm{e}^{-\frac{1}{2(1-\rho^2)}(x-\rho y)^2}.\end{aligned}$$

即在 $Y=y$ 的条件下, X 服从正态分布 $N(\rho y,1-\rho^2)$.

对称地, 在 $X=x$ 的条件下, Y 服从正态分布 $N(\rho x,1-\rho^2)$.

习 题 3

A 组

1. 盒子里有 3 只黑球, 2 只红球, 2 只白球, 现从盒中任取 4 只球, 以 X 表示取到的黑球个数, Y 表示取到的红球个数, 求

(1) (X, Y) 的联合分布列;

(2) $p(X=0, Y\neq 0)$, $p(X=Y)$?

2. 一个箱子共有 100 个灯泡, 其中一、二、三等品分别为 80 个、10 个、10 个. 现从中随机抽取一个, 记

$$X=\begin{cases}1, & \text{抽到一等品},\\ 0, & \text{其他};\end{cases}\quad Y=\begin{cases}1, & \text{抽到二等品},\\ 0, & \text{其他},\end{cases}$$

求 (X, Y) 的联合分布列?

3. 设二维随机变量 (X, Y) 的联合分布函数为

$$F(x, y)=A\left(B+\arctan\frac{x}{2}\right)\left(C+\arctan\frac{y}{3}\right)\quad(-\infty<x, y<+\infty).$$

求: (1) 未知常数 A, B, C; (2) 联合密度函数 $f(x, y)$; (3) $p(0\leqslant X\leqslant 2, 0\leqslant Y\leqslant 3)$?

4. 设随机变量 X, Y 均服从 $(0,4)$ 上的均匀分布, 且 $p(X\leqslant 3, Y\leqslant 3)=9/16$, 求 $p(X>3, Y>3)$?

5. 求第 1, 2 题中关于 X, Y 的边际分布列?

6. 设二维随机变量 (X, Y) 的联合密度函数为

$$f(x, y)=\begin{cases}Ce^{-(2x+3y)}, & x>y>0,\\ 0, & \text{其他},\end{cases}$$

求: (1) 未知常数 C; (2) $p(0\leqslant X\leqslant 1, 0\leqslant Y\leqslant 2)$, $p(X+Y\leqslant 4)$?

7. 求第 3 题中关于 X, Y 的边际分布函数?

8. 求第 6 题中关于 X, Y 的边际密度函数?

9. 设二维随机变量 (X, Y) 的联合密度函数如下:

(1) $f(x, y)=\dfrac{A}{(1+x^2)(1+y^2)}$ $(-\infty<x, y<+\infty)$;

(2) $f(x, y)=\begin{cases}Axy, & 0<x<1, 0<y<1,\\ 0, & \text{其他};\end{cases}$

(3) $f(x, y)=\begin{cases}Axy, & 0<x<y<1,\\ 0, & \text{其他};\end{cases}$

(4) $f(x, y)=\begin{cases}Ae^{-y}, & 0<x<y,\\ 0, & \text{其他},\end{cases}$

求: (1) 未知常数 A; (2) 关于 X, Y 的边际密度函数?

10. 设二维随机变量 (X, Y) 服从区域 G 上的均匀分布, 求关于 X, Y 的边际密度函数? 其中区域 G 为

(1) $G=\{(x, y)|0\leqslant x\leqslant 2, 0\leqslant y\leqslant 1\}$;

(2) $G=\{(x, y)|0<x<y<1\}$;

(3) $G=\{(x, y)|x^2+y^2\leqslant 1\}$.

11. 二维随机变量 (X, Y) 的联合分布列为

Y / X	2	5	8
0.4	0.15	0.3	0.35
0.8	0.05	0.12	0.03

判断 X, Y 是否独立?

12. 设 (X,Y) 的联合分布列为

Y / X	1	2	3
1	1/6	1/9	1/18
2	1/3	a	b

问 a, b 取什么值时, X, Y 独立?

13. 判断第 9 题各小题中 X, Y 是否独立?

14. 判断第 10 题各小题中 X, Y 是否独立?

15. 设 (X,Y) 的联合分布列为

Y / X	−1	0	1
0	0.3	0	0.3
1	0.1	0.2	0.1

求如下随机变量函数的分布列?

(1) $Z=X+Y$; (2) $Z=XY$; (3) $Z=\max\{X,Y\}$; (4) $Z=\min\{X,Y\}$.

16. 二维随机变量 (X,Y) 的联合密度函数为

$$f(x,y)=\begin{cases} 2-x-y, & 0<x<1, 0<y<1, \\ 0, & \text{其他}, \end{cases}$$

求 $Z=X+Y$ 的密度函数?

17. 设 X, Y 相互独立, 且均服从参数为 λ 的指数分布, 求 $Z=X+Y$ 的密度函数?

18. 设随机变量 X, Y 相互独立, X 在 $(0,1)$ 上服从均匀分布, Y 服从参数为 $\frac{1}{2}$ 的指数分布. 求: $Z_1=\max\{X,Y\}$, $Z_2=\min\{X,Y\}$ 的密度函数?

19. 设 (X,Y) 的联合分布列为

Y / X	−1	0	2
0	0.1	0.2	0
1	0.3	0.05	0.1
2	0.15	0	0.1

求: (1) $X=1$ 时, Y 的条件分布; (2) $Y=0$ 时, X 的条件分布; (3) $p(X\leqslant 1|Y=-1)$, $p(Y\geqslant 0|X=0)$?

20. 求第 9 题各小题的条件密度函数 $f_{X|Y}(x|y)$, $f_{Y|X}(y|x)$?

21. 设随机变量 $X_1, X_2, \cdots, X_n$ 独立同分布. 求随机向量 $(X_1, X_2, \cdots, X_n)$ 的联合分布列, 其中 X_1 的分布为

(1) 二项分布 $b(n,p)$; (2) 参数为 λ 的泊松分布;

(3) 区间 (a,b) 上的均匀分布 $U(a,b)$; (4) 参数为 λ 的指数分布?

22. 设 $X_1, X_2, \cdots, X_n$ 相互独立, 分布函数分别为 $F_{X_i}(x_i)(i=1,2,\cdots,n)$. 求 $M=\max\{X_1, X_2, \cdots, X_n\}$ 及 $N=\min\{X_1, X_2, \cdots, X_n\}$ 的联合分布函数?

B 组

1. 随机地在 1, 2, 3, 4 中任取一数, 记为 X; 再从 1 到 X 之间随机地任取一数, 记为 Y, 求 (X,Y) 的联合分布列?

2. 设二维随机变量 (X,Y) 服从区域 $G=\{(x,y)|0\leqslant x\leqslant 2, 0\leqslant y\leqslant 1\}$ 上的均匀分布, 求 (X,Y) 的联合分布函数?

3. 设 X, Y 具有相同的分布列, 其分布列为

X	-1	0	1
p	$1/4$	$1/2$	$1/4$

且 $p(XY=0)=1$, 求: (1) (X,Y) 的联合分布列; (2) $p(X=Y)$?

4. 从 1, 2, 3, 4, 5 五个数中任取三个数, 记 X 为取出的三个数中最小的数, Y 为取出的三个数中最大的数.

(1) 求 (X,Y) 的联合分布列; (2) 判断 X, Y 是否独立?

5. 某仪器由两个电子部件组成, 记 X, Y 为这两个电子部件的寿命 (千小时), 已知二维随机变量 (X,Y) 的联合分布函数为

$$F(x,y)=\begin{cases} 1-\mathrm{e}^{-0.5x}-\mathrm{e}^{-0.5y}+\mathrm{e}^{-0.5(x+y)}, & x,y>0, \\ 0, & \text{其他}, \end{cases}$$

求: (1) 关于 X, Y 的边际分布函数; (2) 判断 X, Y 是否独立; (3) 两个部件的寿命都超过 100 小时的概率?

6. 设 X, Y 相互独立, 且都服从参数 $p=2/3$ 的两点分布, 记 $U=\max\{X,Y\}$, $V=\min\{X,Y\}$, 求 (U,V) 的联合分布列?

7. 设 $X\sim b(n,p)$, $Y\sim b(m,p)$, 且 X, Y 相互独立, 求 $Z=X+Y$ 的分布列?

8. 二维随机变量 (X,Y) 的联合密度函数为

$$f(x,y)=\begin{cases} x\mathrm{e}^{-x(1+y)}, & x>0, y>0, \\ 0, & \text{其他}, \end{cases}$$

求 $Z=XY$ 的密度函数?

9. 随机变量 X, Y 分别表示不同电子器件的寿命 (以小时计), 并设 X, Y 相互独立, 且都服从相同的分布, 密度函数为

$$f(x)=\begin{cases}\dfrac{1000}{x^2}, & x>1000,\\ 0, & \text{其他},\end{cases}$$

求 $Z=X/Y$ 的密度函数?

10. 设 (X,Y) 的联合分布列为

X \ Y	0	1
0	2/25	b
1	a	3/25
2	1/25	2/25

且 $p(Y=1|X=0)=3/5$. 求: (1) 未知常数 a, b; (2) 判断 X, Y 是否独立?

11. 设随机变量 X 服从 $(0,2)$ 上的均匀分布, 而 Y 服从 $(X,2)$ 上的均匀分布. 求: (1) (X,Y) 的联合概率密度; (2) Y 的边际密度; (3) $p(X+Y<2)$?

12. 随机变量 X 表示医院一天出生的婴儿个数, Y 表示医院一天出生的男婴个数, (X,Y) 的联合分布列为

$$p(X=n,Y=m)=\frac{\mathrm{e}^{-14}7.14^m6.86^{n-m}}{n!(n-m)!}\quad(n=0,1,2,\cdots;\ m=0,1,2,\cdots,n).$$

求: (1) $p(X=n|Y=m)$, $p(Y=m|X=n)$;

(2) $p(X=n|Y=20)$, $p(Y=m|X=20)$?

第 4 章　随机变量的数字特征

随机变量的概率分布虽完整刻画了其统计规律, 但在许多实际问题中, 随机变量的概率分布不容易确定; 此外, 人们在许多情况下只对随机变量的某些特征指标感兴趣, 一般称这些特征指标为随机变量的数字特征. 随机变量的数字特征虽不像概率分布那样完整地描述随机变量的统计规律, 但它能反映随机变量某些方面的统计特性.

4.1　随机变量的数学期望

4.1.1　离散型随机变量的数学期望

一组数据平均值往往从某一侧面反映了该组数据的特征, 例如, 甲、乙两射手进行射击训练, 已知在 100 次射击中命中环数与次数记录如下

甲	环数	8	9	10
	次数	30	10	60
乙	环数	8	9	10
	次数	20	50	30

试问如何评定甲、乙射手的技术优劣?

解　从上面的记录表很难立刻看出结果, 但可以从其平均射中环数来评定其技术优劣.

甲射手平均射中环数为

$$\frac{8\times 30+9\times 10+10\times 60}{100}=8\times 0.3+9\times 0.1+10\times 0.6=9.3(\text{环});$$

乙射手平均射中环数为

$$\frac{8\times 20+9\times 50+10\times 30}{100}=8\times 0.2+9\times 0.5+10\times 0.3=9.1(\text{环}).$$

故从平均射中环数看, 甲的技术优于乙.

从上述例子可以看出, 所谓的平均射中环数实际上是以各环数出现的频率为权的加权平均. 由于概率是频率的稳定值, 故人们将上式计算中的频率用相应的概率替换得到的加权平均称为随机变量 X 的平均取值. 下面给出具体的定义.

定义 4.1 设离散型随机变量 X 的概率分布为

$$p(X=x_i)=p_i \quad (i=1,2,\cdots),$$

当 $\sum\limits_{i=1}^{+\infty}|x_i|p_i<+\infty$ 时，称 $\sum\limits_{i=1}^{+\infty}x_ip_i$ 为随机变量 X 的**数学期望**(简称**期望**)，记为 $E(X)$，即

$$E(X)=\sum_{i=1}^{+\infty}x_ip_i.$$

否则，称随机变量 X 的数学期望不存在.

例 4.1 对甲、乙两个品牌的手表测量 24h 内的走时误差 (s)，设 X 为甲的误差，Y 为乙的误差. 相应的概率分布如下.

X	-2	-1	0	1	2
p	0.05	0.2	0.5	0.2	0.05
Y	-2	-1	0	1	2
p	0.05	0.15	0.6	0.15	0.05

问哪一个品牌的手表平均走时更准?

解 由于

$$E(X)=(-2)\times 0.05+(-1)\times 0.2+0\times 0.5+1\times 0.2+2\times 0.05=0(\mathrm{s}),$$

$$E(Y)=(-2)\times 0.05+(-1)\times 0.15+0\times 0.6+1\times 0.15+2\times 0.05=0(\mathrm{s}),$$

所以，甲品牌的手表平均走时和乙品牌的手表一样准确.

4.1.2 连续型随机变量的数学期望

若 X 为连续型随机变量，其密度函数为 $f(x)$，由积分中值定理知随机变量 X 落入 $(x_k,x_k+\Delta x_k)$ 内的概率近似等于 $f(x_k)\Delta x_k$，它与离散型随机变量的 p_k 类似. 利用定积分的思想，可定义连续型随机变量的数学期望如下.

定义 4.2 设连续型随机变量 X 的密度函数为 $f(x)$，如果 $\int_{-\infty}^{+\infty}|x|f(x)\mathrm{d}x<+\infty$，则称 $\int_{-\infty}^{+\infty}xf(x)\mathrm{d}x$ 为随机变量 X 的**数学期望**(简称**期望**)，记为 $E(X)$，即

$$E(X)=\int_{-\infty}^{+\infty}xf(x)\mathrm{d}x.$$

否则，称随机变量 X 的数学期望不存在.

在以后的讨论中，除特别说明外所提到的随机变量的数学期望均存在.

例 4.2　设随机变量 X 的密度函数为

$$f(x)=\begin{cases} x, & 0\leqslant x<1, \\ 2-x, & 1\leqslant x\leqslant 2, \\ 0, & \text{其他}, \end{cases}$$

求 X 的数学期望?

解　根据数学期望的定义得

$$\begin{aligned} E(X)&=\int_{-\infty}^{+\infty} xf(x)\mathrm{d}x=\int_{-\infty}^{+\infty} x\cdot 0\mathrm{d}x+\int_{0}^{1} x\cdot x\mathrm{d}x+\int_{1}^{2} x(2-x)\mathrm{d}x+\int_{2}^{+\infty} x\cdot 0\mathrm{d}x \\ &=\int_{0}^{1} x^2\mathrm{d}x+\int_{1}^{2} x(2-x)\mathrm{d}x=1. \end{aligned}$$

例 4.3　设随机变量 $X\sim N(0,1)$, 求 X 的数学期望?

解　由题意知, X 的密度函数为

$$f(x)=\frac{1}{\sqrt{2\pi}}\mathrm{e}^{-\frac{x^2}{2}}\quad(-\infty<x<+\infty).$$

于是, $E(X)=\int_{-\infty}^{+\infty} xf(x)\mathrm{d}x=\int_{-\infty}^{+\infty} x\frac{1}{\sqrt{2\pi}}\mathrm{e}^{-\frac{x^2}{2}}\mathrm{d}x=0.$

在一般情形下, 有如下结果.

若 $X\sim N(\mu,\sigma^2)$, 则 $E(X)=\mu$.

4.1.3　随机变量函数的数学期望

若随机变量 Y 与 X 之间存在函数关系 $Y=g(X)$, 要求 $E(Y)$, 可考虑先求出 Y 的分布, 再利用数学期望的定义进行计算. 事实上, 不用求出 Y 的分布而只要直接利用 X 的分布就可以了, 这样有利于简化计算. 为此我们不加证明地给出如下定理.

定理 4.1　设随机变量 X 的分布列为 $p(X=x_i)$ 或密度函数为 $f(x)$, 则 $Y=g(X)$ 的数学期望为

$$E(Y)=\begin{cases} \sum\limits_{i} g(x_i)p(X=x_i), & \text{在离散情形}, \\ \int_{-\infty}^{+\infty} g(x)f(x)\mathrm{d}x, & \text{在连续情形}. \end{cases}$$

该定理还可以推广到两个随机变量的情形.

定理 4.2 设二维随机变量 (X,Y) 的联合分布列为 $p(X=x_i,Y=y_j)$ 或联合密度函数为 $f(x,y)$, 则 $Z=g(X,Y)$ 的数学期望为

$$E(Y)=\begin{cases}\displaystyle\sum_i\sum_j g(x_i,y_j)p(X=x_i,Y=y_j), & \text{在离散情形},\\ \displaystyle\int_{-\infty}^{+\infty}\int_{-\infty}^{+\infty} g(x,y)f(x,y)\mathrm{d}x\mathrm{d}y, & \text{在连续情形}.\end{cases}$$

例 4.4 已知二维离散型随机变量 (X,Y) 的联合分布列为

X \ Y	-2	-1	1	2
1	0	1/4	1/4	0
4	1/4	0	0	1/4

求 $E(X)$, $E(Y)$?

解 $E(X)=1\times\left(0+\dfrac{1}{4}+\dfrac{1}{4}+0\right)+4\times\left(\dfrac{1}{4}+0+0+\dfrac{1}{4}\right)=\dfrac{5}{2}$;

$$E(Y)=-2\times\left(0+\frac{1}{4}\right)+(-1)\times\left(\frac{1}{4}+0\right)+1\times\left(\frac{1}{4}+0\right)+2\times\left(0+\frac{1}{4}\right)=0.$$

例 4.5 设二维随机变量 (X,Y) 的联合密度函数为

$$f(x,y)=\begin{cases}\dfrac{1}{3}(x+y), & 0<x<1,0<y<2,\\ 0, & \text{其他},\end{cases}$$

求 $E(X)$, $E(Y)$, $E(XY)$?

解 由公式有

$$E(X)=\int_{-\infty}^{+\infty}\int_{-\infty}^{+\infty}xf(x,y)\mathrm{d}x\mathrm{d}y=\int_0^1\int_0^2\frac{1}{3}(x^2+xy)\mathrm{d}x\mathrm{d}y=\frac{5}{9};$$

$$E(Y)=\int_{-\infty}^{+\infty}\int_{-\infty}^{+\infty}yf(x,y)\mathrm{d}x\mathrm{d}y=\int_0^1\int_0^2\frac{1}{3}(xy+y^2)\mathrm{d}x\mathrm{d}y=\frac{11}{9};$$

$$E(XY)=\int_{-\infty}^{+\infty}\int_{-\infty}^{+\infty}xyf(x,y)\mathrm{d}x\mathrm{d}y=\int_0^1\int_0^2\frac{1}{3}(x^2y+xy^2)\mathrm{d}x\mathrm{d}y=\frac{2}{3}.$$

例 4.6 某公司计划开拓一种新产品市场, 并试图确定产品产量, 估计售出一件产品可获利 m 元, 积压一件产品损失 n 元, 他们预测产品销售量 $Y\sim E(\lambda)$. 问要使得获得利润的数学期望达到最大应生产多少产品 (m, n, λ 已知)?

解 设生产产品 x 件, 则获利 Q 是 x 的函数

$$Q = Q(x) = \begin{cases} mY - n(x - Y), & 0 < Y < x, \\ mx, & Y > x. \end{cases}$$

$$\Rightarrow E(Q) = \int_0^{+\infty} Qf(y)\mathrm{d}y = \int_0^x [my - n(x - y)]\lambda \mathrm{e}^{-\lambda y}\mathrm{d}y + \int_x^{+\infty} mx\lambda \mathrm{e}^{-\lambda y}\mathrm{d}y$$

$$= (m+n)\frac{1}{\lambda} - (m+n)\frac{1}{\lambda}\mathrm{e}^{-\lambda x} - nx.$$

令 $\dfrac{\mathrm{d}E(Q)}{\mathrm{d}x} = (m+n)\mathrm{e}^{-\lambda x} - n = 0$, 即 $x = -\dfrac{1}{\lambda}\ln\dfrac{n}{m+n}$.

又因 $\dfrac{\mathrm{d}^2E(Q)}{\mathrm{d}x^2} = -\lambda(m+n)\mathrm{e}^{-\lambda x} < 0$. 故当 $x = -\dfrac{1}{\lambda}\ln\dfrac{n}{m+n}$ 时, $E(Q)$ 达到最大值.

4.1.4 数学期望的性质

以下给出随机变量的数学期望的性质, 并对连续的情形给予证明, 离散情形可类似证明.

(1) $E(a) = a$;

(2) $E(aX) = aE(X)$;

(3) $E(X \pm Y) = E(X) \pm E(Y)$;

(4) 当 X 与 Y 独立时, $E(XY) = E(X)E(Y)$.

以上 a, b 均为常数.

证明　设连续型随机变量 X 的密度函数为 $f(x)$.

(1) 令 $a = g(x)$, 则 $E(a) = \int_{-\infty}^{+\infty} af(x)\mathrm{d}x = a\int_{-\infty}^{+\infty} f(x)\mathrm{d}x = a$;

(2) $E(aX) = \int_{-\infty}^{+\infty} axf(x)\mathrm{d}x = a\int_{-\infty}^{+\infty} xf(x)\mathrm{d}x = aE(X)$;

(3) $E(X \pm Y) = \int_{-\infty}^{+\infty}\int_{-\infty}^{+\infty} (x \pm y)f(x,y)\mathrm{d}x\mathrm{d}y$

$$= \int_{-\infty}^{+\infty}\int_{-\infty}^{+\infty} xf(x,y)\mathrm{d}x\mathrm{d}y \pm \int_{-\infty}^{+\infty}\int_{-\infty}^{+\infty} yf(x,y)\mathrm{d}x\mathrm{d}y$$

$$= E(X) \pm E(Y);$$

(4) 由于 X 与 Y 独立, 所以有 $f(x,y) = f_X(x)f_Y(y)$, 故

$$E(XY) = \int_{-\infty}^{+\infty}\int_{-\infty}^{+\infty} xyf(x,y)\mathrm{d}x\mathrm{d}y = \int_{-\infty}^{+\infty}\int_{-\infty}^{+\infty} xyf_X(x)f_Y(y)\mathrm{d}x\mathrm{d}y$$

$$= \int_{-\infty}^{+\infty} xf_X(x)\mathrm{d}x \int_{-\infty}^{+\infty} yf_Y(y)\mathrm{d}y = E(X)E(Y).$$

例 4.7 一民航送客车载有 20 名乘客自机场开出, 沿途共有 10 个车站. 若到站时没有乘客下车就不停车. 若每位乘客在各个车站下车是等可能的, 并且各位旅客是否下车相互独立. 以 X 表示停车次数. 求 $E(X)$?

解 引入随机变量 $X_i(i=1,\cdots,10)$, $X_i=0$ 表示第 i 站没有人下车, $X_i=1$ 表示第 i 站有人下车, 则 $X=X_1+\cdots+X_{10}$.

由题意知, 任一旅客在第 i 站不下车的概率为 $\frac{9}{10}$, 因此第 i 站无人下车的概率是 $\left(\frac{9}{10}\right)^{20}$, 也就是第 i 站有人下车的概率是 $1-\left(\frac{9}{10}\right)^{20}$. 即

$$p(X_i=0)=\left(\frac{9}{10}\right)^{20},\quad p(X_i=1)=1-\left(\frac{9}{10}\right)^{20}\quad (i=1,\cdots,10).$$

因此, $E(X_i)=1-\left(\frac{9}{10}\right)^{20}$, 进而

$$E(X)=E(X_1)+\cdots+E(X_{10})=10\times\left[1-\left(\frac{9}{10}\right)^{20}\right]\approx 8.784.$$

4.2 随机变量的方差

4.2.1 方差的概念

均值是随机变量的一个重要数字特征, 它体现了随机变量平均取值的大小, 但有时只知道均值是不够的, 还应该知道随机变量的取值在均值周围变化的情况. 下面给出反映该变化情况的数字特征.

定义 4.3 设 X 是一个随机变量. 若 $E[X-E(X)]^2$ 存在, 则称 $E[X-E(X)]^2$ 为随机变量 X 的**方差**, 记为 $\mathrm{Var}(X)$, 并称 $\sqrt{\mathrm{Var}(X)}$ 为 X 的**标准差**, 记为 σ_X.

注 (1) 方差体现了随机变量取值在其均值附近的分散情况. 其值越小说明随机变量的取值越集中, 其值越大说明随机变量的取值越分散;

(2) 方差是一个非负实数;

(3) 由于标准差 σ_X 与 X 有相同的量纲, 所以实践工作者习惯用标准差代替方差对随机变量进行研究.

例 4.8 在例 4.1 中哪个品牌的手表质量更好?

解 由于 $E(X)=E(Y)=0$, 故在平均意义下两个品牌的手表没有差别, 但是

$$\begin{aligned}\mathrm{Var}(X)=&[(-2)-0]^2\times 0.05+[(-1)-0]^2\times 0.2+(0-0)^2\times 0.5\\&+(1-0)^2\times 0.2+(2-0)^2\times 0.05=0.8;\\\mathrm{Var}(Y)=&[(-2)-0]^2\times 0.05+[(-1)-0]^2\times 0.15+(0-0)^2\times 0.6\end{aligned}$$

$$+(1-0)^2\times 0.15+(2-0)^2\times 0.05=0.7,$$

所以 $\mathrm{Var}(Y)<\mathrm{Var}(X)$, 故认为乙品牌的手表质量比甲品牌的手表质量更稳定.

例 4.9　设随机变量 $X\sim N(0,1)$, 求 $\mathrm{Var}(X)$?

解　由题意知, X 的密度函数为

$$f(x)=\frac{1}{\sqrt{2\pi}}\mathrm{e}^{-\frac{x^2}{2}}\quad(-\infty<x<+\infty),$$

于是,

$$\begin{aligned}\mathrm{Var}(X)&=\int_{-\infty}^{+\infty}[x-E(X)]^2f(x)\mathrm{d}x=\frac{1}{\sqrt{2\pi}}\int_{-\infty}^{+\infty}x^2\mathrm{e}^{-\frac{x^2}{2}}\mathrm{d}x\\&=\frac{1}{\sqrt{2\pi}}\left(-x\mathrm{e}^{-\frac{x^2}{2}}\Big|_{-\infty}^{+\infty}+\int_{-\infty}^{+\infty}\mathrm{e}^{-\frac{x^2}{2}}\mathrm{d}x\right)=1.\end{aligned}$$

在一般情形下, 有如下结果.

若 $X\sim N(\mu,\sigma^2)$, 则 $\mathrm{Var}(X)=\sigma^2$.

4.2.2　方差的性质

由数学期望的性质及方差的定义, 容易知方差有如下性质:

(1) $\mathrm{Var}(X)=E(X^2)-[E(X)]^2$;

(2) $\mathrm{Var}(a)=0$;

(3) $\mathrm{Var}(aX)=a^2\mathrm{Var}(X)$;

(4) 当 X 与 Y 独立时, $\mathrm{Var}(X+Y)=\mathrm{Var}(X)+\mathrm{Var}(Y)$,

其中 a 为常数. 以下仅对式 (3), (4) 加以证明.

证明　(3) $\mathrm{Var}(X)=E[X-E(X)]^2=E\{X^2-2X\cdot E(X)+[E(X)]^2\}$

$$=E(X^2)-2E(X)\cdot E(X)+[E(X)]^2$$

$$=E(X^2)-[E(X)]^2.$$

(4) $\mathrm{Var}(X+Y)=E[(X+Y)-E(X+Y)]^2=E\{[X-E(X)]+[Y-E(Y)]\}^2$

$$=E\{[X-E(X)]^2+[Y-E(Y)]^2+2[X-E(X)][Y-E(Y)]\}$$

$$=\mathrm{Var}(X)+\mathrm{Var}(Y)+2E[X-E(X)][Y-E(Y)].$$

由于 X 与 Y 独立, 所以 $E(XY)=E(X)E(Y)$, 于是

$$E[X-E(X)][Y-E(Y)]=E[XY-XE(Y)-YE(X)+E(X)E(Y)]$$

$$= E(XY) - E(X)E(Y) = 0,$$

所以 $\mathrm{Var}(X+Y) = \mathrm{Var}(X) + \mathrm{Var}(Y)$.

例 4.10 求例 4.2 中随机变量的方差?

解 利用方差性质 (4), 由前知 $E(X) = 1$, 以下计算 $E(X^2)$.

$$\begin{aligned} E(X^2) &= \int_{-\infty}^{+\infty} x^2 f(x)\mathrm{d}x = \int_{-\infty}^{0} x^2 \cdot 0\mathrm{d}x \\ &\quad + \int_0^1 x^2 \cdot x\mathrm{d}x + \int_1^2 x^2(2-x)\mathrm{d}x + \int_2^{+\infty} x^2 \cdot 0\mathrm{d}x \\ &= \int_0^1 x^3\mathrm{d}x + \int_1^2 x^2(2-x)\mathrm{d}x = \frac{7}{6}, \end{aligned}$$

所以

$$\mathrm{Var}(X) = E(X^2) - [E(X)]^2 = \frac{7}{6} - 1 = \frac{1}{6}.$$

定理 4.3 (切比雪夫不等式) 设随机变量 X 的期望和方差均存在, 则对任意 $\varepsilon > 0$, 有

$$p(|X - E(X)| \geqslant \varepsilon) \leqslant \frac{\mathrm{Var}(X)}{\varepsilon^2}.$$

证明略.

下表给出了常用分布的数学期望与方差.

分布	概率分布	数学期望	方差
二项分布 $b(n,p)$	$p(X=k) = \mathrm{C}_n^k p^k (1-p)^{n-k} (k=0,1,\cdots,n)$	np	$np(1-p)$
泊松分布 $P(\lambda)$	$p(X=k) = \frac{\lambda^k}{k!}\mathrm{e}^{-\lambda} (k=0,1,\cdots)$	λ	λ
几何分布 $Ge(p)$	$p(X=k) = (1-p)^{k-1}p (k=1,2,\cdots)$	$\frac{1}{p}$	$\frac{1-p}{p^2}$
均匀分布 $U(a,b)$	$f(x) = \begin{cases} \frac{1}{b-a}, & a<x<b, \\ 0, & \text{其他} \end{cases}$	$\frac{a+b}{2}$	$\frac{(b-a)^2}{12}$
指数分布 $E(\lambda)$	$f(x) = \begin{cases} \lambda\mathrm{e}^{-\lambda x}, & x>0, \\ 0, & x \leqslant 0 \end{cases}$	$\frac{1}{\lambda}$	$\frac{1}{\lambda^2}$
正态分布 $N(\mu,\sigma^2)$	$f(x) = \frac{1}{\sqrt{2\pi}\sigma}\mathrm{e}^{-\frac{(x-\mu)^2}{2\sigma^2}}$	μ	σ^2

4.3 协方差与相关系数

4.3.1 协方差

数学期望反映了随机变量的平均值, 方差反映了随机变量偏离平均值的程度.

对二维随机变量 (X,Y) 来说, 数学期望与方差并没有提供 X 与 Y 之间关系的信息, 因而需引入描述随机变量 X 与 Y 之间关系的数字特征.

定义 4.4 设 (X,Y) 为二维随机变量, 如果 $E[X-E(X)][Y-E(Y)]$ 存在, 则称该数学期望为随机变量 X 与 Y 的**协方差**, 记为 $\mathrm{Cov}(X,Y)$, 即

$$\mathrm{Cov}(X,Y)=E[X-E(X)][Y-E(Y)].$$

从协方差定义可以看出, 它是 X 的偏差 $[X-E(X)]$ 与 Y 的偏差 $[Y-E(Y)]$ 的乘积的数学期望, 由于偏差可正可负, 故协方差可正可负, 也可以为零, 其具体表现如下.

当 $\mathrm{Cov}(X,Y)>0$ 时, 称 X 与 Y 正相关;

当 $\mathrm{Cov}(X,Y)<0$ 时, 称 X 与 Y 负相关;

当 $\mathrm{Cov}(X,Y)=0$ 时, 称 X 与 Y 不相关.

由协方差的定义易知, 协方差具有如下性质:

(1) $\mathrm{Cov}(X,Y)=E(XY)-E(X)E(Y)$;

(2) $\mathrm{Cov}(X,Y)=\mathrm{Cov}(Y,X)$;

(3) 对任意常数 a, 有 $\mathrm{Cov}(X,a)=0$;

(4) $\mathrm{Cov}(X+Y,Z)=\mathrm{Cov}(X,Z)+\mathrm{Cov}(Y,Z)$;

(5) 对任意常数 a, b, 有 $\mathrm{Cov}(aX,bY)=ab\mathrm{Cov}(X,Y)$;

(6) $\mathrm{Var}(X\pm Y)=\mathrm{Var}(X)+\mathrm{Var}(Y)\pm 2\mathrm{Cov}(X,Y)$;

(7) (柯西–施瓦茨不等式) 对任意随机变量 X 与 Y, 有

$$|\mathrm{Cov}(X,Y)|\leqslant\sqrt{\mathrm{Var}(X)}\cdot\sqrt{\mathrm{Var}(Y)}.$$

以上性质 (1)—(6) 由协方差的定义即可得证, 这里从略. 以下仅证明性质 (7).

证明 对任意实数 t, 令

$$f(t)=\mathrm{Var}(tX-Y)=t^2\mathrm{Var}(X)-2t\mathrm{Cov}(X,Y)+\mathrm{Var}(Y).$$

由方差的性质知 $f(t)\geqslant 0$, 即 $f(t)$ 至多有一个实根. 故判别式

$$[2\mathrm{Cov}(X,Y)]^2-4\mathrm{Var}(X)\mathrm{Var}(Y)\leqslant 0.$$

于是 $|\mathrm{Cov}(X,Y)|\leqslant\sqrt{\mathrm{Var}(X)}\cdot\sqrt{\mathrm{Var}(Y)}$.

4.3.2 相关系数

虽然随机变量 X 和 Y 的协方差反映了 X 和 Y 之间的联系, 但它受 X 和 Y 取值大小的影响, 而且带有量纲. 为了弥补这些不足, 可先将随机变量标准化, 即

$$X^*=\frac{X-E(X)}{\sqrt{\mathrm{Var}(X)}},\quad Y^*=\frac{Y-E(Y)}{\sqrt{\mathrm{Var}(Y)}},$$

然后再求 $\mathrm{Cov}(X^*, Y^*)$. 此时, 有

$$\mathrm{Cov}(X^*, Y^*) = \frac{\mathrm{Cov}(X, Y)}{\sqrt{\mathrm{Var}(X)}\sqrt{\mathrm{Var}(Y)}}.$$

这就是随机变量 X 与 Y 的相关系数. 下面给出具体定义.

定义 4.5 设 (X, Y) 是二维随机变量, 且 $\mathrm{Var}(X) > 0$, $\mathrm{Var}(Y) > 0$, 则称

$$\rho_{XY} = \frac{\mathrm{Cov}(X, Y)}{\sqrt{\mathrm{Var}(X)}\sqrt{\mathrm{Var}(Y)}}$$

为随机变量 X 与 Y 的**相关系数**.

定理 4.4 设随机变量 X 与 Y 的相关系数为 ρ_{XY}, 则

(1) $|\rho_{XY}| \leqslant 1$;

(2) $|\rho_{XY}| = 1$ 的充要条件是 X 与 Y 几乎处处有线性关系, 即存在常数 $a(a \neq 0)$ 与 b, 使得 $p(Y = aX + b) = 1$.

由定理 4.4 可以看出, 相关系数 ρ_{XY} 刻画了随机变量 X 与 Y 之间的线性关系, 因此也被称为**线性相关系数**.

若 $\rho_{XY} = 0$, 则称 X 与 Y 不相关; $\rho_{XY} = 1$, 则称 X 与 Y 完全正相关; $\rho_{XY} = -1$, 则称 X 与 Y 完全负相关; $|\rho_{XY}|$ 越接近 1, X 与 Y 之间线性相关程度越高; $|\rho_{XY}|$ 越接近 0, X 与 Y 之间线性相关程度越低.

例 4.11 设随机变量 (X, Y) 的联合分布列为

X \ Y	0	1
0	0.3	0.2
1	0.4	0.1

求 ρ_{XY}.

解 $E(X) = 0 \times (0.3 + 0.2) + 1 \times (0.4 + 0.1) = 0.5$;

$E(Y) = 0 \times (0.3 + 0.4) + 1 \times (0.2 + 0.1) = 0.3$;

$E(X^2) = 0^2 \times (0.3 + 0.2) + 1^2 \times (0.4 + 0.1) = 0.5$;

$E(Y^2) = 0^2 \times (0.3 + 0.4) + 1^2 \times (0.2 + 0.1) = 0.3$;

$$\begin{aligned} E(XY) = &(0 \times 0) \times 0.3 + (0 \times 1) \times 0.2 + (1 \times 0) \times 0.4 \\ &+ (1 \times 1) \times 0.1 = 0.1; \end{aligned}$$

$\mathrm{Var}(X) = E(X^2) - [E(X)]^2 = 0.5 - 0.5^2 = 0.25$;

$\mathrm{Var}(Y) = E(Y^2) - [E(Y)]^2 = 0.3 - 0.3^2 = 0.21$;

$$\mathrm{Cov}(X,Y)=E(XY)-E(X)E(Y)=0.1-0.5\times 0.3=-0.05;$$

$$\rho_{XY}=\frac{\mathrm{Cov}(X,Y)}{\sqrt{\mathrm{Var}(X)}\sqrt{\mathrm{Var}(Y)}}=\frac{-0.05}{\sqrt{0.25}\sqrt{0.21}}=-\frac{\sqrt{21}}{21}\approx -0.2182.$$

例 4.12 设随机变量 (X,Y) 的联合密度函数为

$$f(x,y)=\begin{cases}12y^2, & 0\leqslant y\leqslant x\leqslant 1,\\ 0, & \text{其他},\end{cases}$$

求 ρ_{XY}.

解 $E(X)=\int_0^1\mathrm{d}x\int_0^x x\cdot 12y^2\mathrm{d}y=\frac{4}{5};$

$$E(Y)=\int_0^1\mathrm{d}x\int_0^x y\cdot 12y^2\mathrm{d}y=\frac{3}{5};$$

$$E(X^2)=\int_0^1\mathrm{d}x\int_0^x x^2\cdot 12y^2\mathrm{d}y=\frac{2}{3};$$

$$E(Y^2)=\int_0^1\mathrm{d}x\int_0^x y^2\cdot 12y^2\mathrm{d}y=\frac{2}{5};$$

$$E(XY)=\int_0^1\mathrm{d}x\int_0^x xy\cdot 12y^2\mathrm{d}y=\frac{1}{2};$$

$$\mathrm{Var}(X)=E(X^2)-[E(X)]^2=\frac{2}{3}-\left(\frac{4}{5}\right)^2=\frac{2}{75};$$

$$\mathrm{Var}(Y)=E(Y^2)-[E(Y)]^2=\frac{2}{5}-\left(\frac{3}{5}\right)^2=\frac{1}{25};$$

$$\mathrm{Cov}(X,Y)=E(XY)-E(X)E(Y)=\frac{1}{2}-\frac{4}{5}\times\frac{3}{5}=\frac{1}{50};$$

$$\rho_{XY}=\frac{\mathrm{Cov}(X,Y)}{\sqrt{\mathrm{Var}(X)}\sqrt{\mathrm{Var}(Y)}}=\frac{\frac{1}{50}}{\sqrt{\frac{2}{75}}\sqrt{\frac{1}{25}}}=\frac{\sqrt{6}}{4}\approx 0.6127.$$

值得注意的是, 若 X 与 Y 相互独立, 则 X 与 Y 不相关; 反之, 若 X 与 Y 不相关, 则 X 与 Y 不一定相互独立. 这表明 "相互独立" 比 "不相关" 的要求更强.

例 4.13 设随机变量 $Z\sim U(-\pi,\pi)$, 又 $X=\cos Z, Y=\sin Z$.(1) 求 X 与 Y 相关系数; (2) 问 X 与 Y 是否相互独立?

解 (1) 由于 $Z\sim U(-\pi,\pi)$, 所以 Z 的密度函数为 $f(z)=\begin{cases}\frac{1}{2\pi}, & -\pi<x<\pi,\\ 0, & \text{其他}.\end{cases}$

由随机变量函数的数学期望有

$$E(X)=\int_{-\pi}^{\pi}\frac{1}{2\pi}\cos z\mathrm{d}z=0,\quad E(Y)=\int_{-\pi}^{\pi}\frac{1}{2\pi}\sin z\mathrm{d}z=0,$$

$$E(XY)=\int_{-\pi}^{\pi}\sin z\cos z\frac{1}{2\pi}\mathrm{d}z=\frac{1}{4\pi}\int_{-\pi}^{\pi}\sin(2z)\mathrm{d}z=0,$$

从而

$$\mathrm{Cov}(X,Y)=E(XY)-E(X)E(Y)=0.$$

即 $\rho_{XY}=0$, 所以 X 与 Y 不相关.

(2) 由于 $X^2+Y^2=\sin^2 Z+\cos^2 Z=1$, 这表明 X 与 Y 之间虽没有线性关系, 却存在非线性函数关系, 所以, X 与 Y 不相互独立.

4.4 矩

定义 4.6 设随机变量 X, Y, 若

$$E(X^k)\quad (k=1,2,\cdots)$$

存在, 则称它为 X 的 k **阶原点矩**.

若

$$E[X-E(X)]^k\quad (k=1,2,\cdots)$$

存在, 则称它为 X 的 k **阶中心矩**.

若

$$E(X^kY^l)\quad (k,l=1,2,\cdots)$$

存在, 则称它为 X, Y 的 $k+l$ **阶混合原点矩**.

若

$$E[X-E(X)]^k[X-E(X)]^l\quad (k,l=1,2,\cdots)$$

存在, 则称它为 X, Y 的 $k+l$ **阶混合中心矩**.

习　题　4

A 组

1. 离散型随机变量 X 的概率分布为

X	0	2	6
p	3/12	4/12	5/12

求 $E(X)$, $E(3X+5)$, $E(X^2)$, $E[\ln(X+2)]$?

2. 某工程队完成某项工程的时间 X(单位: 月) 服从下述分布

X	10	11	12	13
p	0.4	0.3	0.2	0.1

(1) 求该工程队完成此项工程的平均时间;

(2) 设该工程队获利 $Y=50(13-X)$(万元). 求平均利润?

3. 设随机变量 X 的密度函数为 $f(x)=\begin{cases}2x, & 0<x<1,\\ 0, & \text{其他}.\end{cases}$ 求 $E(X)$, $E(X^2)$, $E(1-2X)$?

4. 设某商品需求量 $X\sim U(10,30)$, 销售商进货量 n 在 (10, 30), 是一个整数. 每销售一件商品获利 500(元), 若供大于求, 每件产品亏损 100(元). 若供小于求, 则从外地调运, 每件商品可获利 300(元). 为使利润期望值不少于 9280(元), 进货量最少应为多少?

5. 已知 (X,Y) 的分布如下, 求 $E(X)$, $E(Y)$, $E(XY)$, $E(\max\{X,Y\})$?

X \ Y	0	5	10	15
0	0.02	0.06	0.02	0.10
5	0.04	0.15	0.20	0.10
10	0.01	0.15	0.14	0.01

6. 设随机变量 (X,Y) 的密度函数为

$$f(x,y)=\begin{cases}\dfrac{1}{8}(x+y), & 0\leqslant x\leqslant 2, 0\leqslant y\leqslant 2,\\ 0, & \text{其他},\end{cases}$$

求 $E(X)$, $E(Y)$, $E(XY)$, $E(X^2+Y^2)$?

7. 甲乙二人相约在 12 : 00 ~ 13 : 00 之间会面, 设 X, Y 分别表示甲乙到达时间, 且相互独立. 已知 X, Y 的密度函数为

$$f(x)=\begin{cases}3x^2, & 0<x<1,\\ 0, & \text{其他},\end{cases}\qquad f(y)=\begin{cases}2y, & 0<y<1,\\ 0, & \text{其他},\end{cases}$$

求先到达者需要等待时间的数学期望?

8. 离散型随机变量 X 的概率分布为

X	-2	0	2
p	0.40	0.30	0.30

求 $\mathrm{Var}(X)$?

9. 设 10 只同种元件中有 2 只是坏的, 装配仪器时, 从中任取 1 只, 如果是不合格品, 则扔掉后重取 1 只, 求取出合格品前取出次品数的方差?

10. 设随机变量 X 的密度函数为 $f(x)=\dfrac{1}{2}\mathrm{e}^{-|x|}$. 求 $\mathrm{Var}(X)$?

11. 若随机变量 X 服从区间 (a,b) 上的均匀分布, 即

$$f(x)=\begin{cases}\dfrac{1}{b-a}, & a<x<b,\\ 0, & \text{其他},\end{cases}$$

求 $\mathrm{Var}(X)$?

12. 若随机变量 X 服从参数为 λ 的指数分布, 即

$$f(x)=\begin{cases}\lambda \mathrm{e}^{-\lambda x}, & x>0,\\ 0, & x\leqslant 0,\end{cases}$$

求 $\mathrm{Var}(X)$?

13. 设 U 服从 $(-2, 2)$ 上的均匀分布, 定义 X, Y 如下

$$X=\begin{cases}-1, & U<-1,\\ 1, & U>-1,\end{cases}\qquad Y=\begin{cases}-1, & U<1,\\ 1, & U>1,\end{cases}$$

求 $\mathrm{Var}(X+Y)$?

14. 随机变量 (X,Y) 的密度函数为

$$f(x,y)=\begin{cases}2, & 0\leqslant x\leqslant 1, 1-x\leqslant y\leqslant 1,\\ 0, & \text{其他},\end{cases}$$

求 $\mathrm{Var}(X+Y)$?

15. 设二维随机变量 (X,Y) 的联合分布为

X \ Y	-1	0	1
0	0.07	0.18	0.15
10	0.08	0.32	0.20

求相关系数 ρ_{XY}?

16. 设二维随机变量 (X,Y) 在曲线 $y=x^2$, $y=x+2$ 所围区域 G 内服从均匀分布, 求相关系数 ρ_{XY}?

17. 设 $\mathrm{Var}(X)=4$, $\mathrm{Var}(Y)=9$, $\rho_{XY}=0.5$, 求 $\mathrm{Var}(2X-3Y)$?

18. 设 X 与 Y 独立, 且都服从参数为 λ 的泊松分布, 令

$$U=2X+Y,\quad V=2X-Y,$$

求 U 与 V 的相关系数?

19. 设 $E(X)=-2$, $\mathrm{Var}(X)=1$, $E(Y)=2$, $\mathrm{Var}(Y)=4$, $\rho_{XY}=-0.5$, 利用由切比雪夫不等式估计概率 $p(|X+Y|\geqslant 6)$ 的上限?

20. 设二维随机变量 (X,Y) 的联合密度函数为

$$f(x,y)=\begin{cases}1, & |y|<0, 0<x<1,\\ 0, & \text{其他},\end{cases}$$

判断 X 与 Y 之间的相关性与独立性.

B 组

1. 若随机变量 X 服从参数为 n, p 的二项分布, 即

$$p(X=k)=\mathrm{C}_n^k p^k(1-p)^{n-k} \quad (k=0,1,2,\cdots,n),$$

求 $\mathrm{Var}(X)$?

2. 若随机变量 X 服从参数为 λ 的泊松分布, 即

$$p(X=k)=\frac{\lambda^k}{k!}\mathrm{e}^{-\lambda} \quad (k=0,1,2,\cdots),$$

求 $\mathrm{Var}(X)$?

3. 设随机变量 X 服从几何分布, 即 $p(X=k)=p(1-p)^{k-1}(k=1,2,\cdots)$, 其中 $0<p<1$ 是常数. 求 $\mathrm{Var}(X)$?

4. 一只昆虫所生虫卵 X 服从参数为 λ 的泊松分布, 而每个虫卵发育成幼虫的概率为 p, 且每个虫卵是否发育成幼虫相互独立, 求一只昆虫所生幼虫数 Y 的期望与方差?

5. 某保险公司规定, 如果一年内顾客投保事件 A 发生, 则赔偿顾客 a 元. 以往资料表明事件 A 发生的概率为 p. 为使公司收益期望值为 $0.1a$, 则应向顾客收取多少保费?

6. 设随机变量 X 的密度函数为 $f(x)=\begin{cases}\dfrac{1}{2}\cos\dfrac{x}{2}, & 0\leqslant x\leqslant \pi,\\ 0, & \text{其他}.\end{cases}$ 对 X 进行独立重复观测 4 次, Y 表示观测值大于 $\pi/3$ 的次数, 求 Y^2 的数学期望?

7. 设 X 为随机变量, 证明: 对任意常数 C, 有 $D(X)\leqslant E(X-C)^2$, 当 $C=E(X)$ 时等号成立.

8. 设随机变量 X 取值于区间 $[a,b]$ 内, 证明: $a\leqslant E(X)\leqslant b$, $\mathrm{Var}(X)\leqslant\dfrac{(b-a)^2}{4}$.

9. 设随机变量 X 与 Y 相互独立, 证明:

$$\mathrm{Var}(XY)=\mathrm{Var}(X)\mathrm{Var}(Y)+[E(X)]^2\mathrm{Var}(Y)+[E(Y)]^2\mathrm{Var}(X).$$

第 5 章　大数定理与中心极限定理

5.1　大 数 定 理

在引入事件与概率的概念时, 曾指出就一次试验而言, 一个随机事件可以出现也可以不出现, 但在大量的重复试验中则呈现出统计规律性, 即：任一事件出现的频率是稳定于某一固定常数的, 这个固定常数就是该事件在一次试验中发生的概率, 这里说的 “频率稳定于概率”, 实质上是频率依某种收敛意义趋于概率, “大数定理” 就是解释这一问题的.

由于正态分布在概率统计中的重要地位和作用, 因此用很多时间介绍正态分布, 为什么实际上有许多随机现象会遵循正态分布? 这仅仅是一些人的经验猜测还是确有理论依据? “中心极限定理” 正是回答这一问题的.

5.1.1　大数定理的一般形式

定义 5.1　设 $\{X_n\}$ 是一随机变量序列, 若 $\forall \varepsilon > 0$, 有

$$\lim_{n\to+\infty} p\left(\left|\frac{1}{n}\sum_{i=1}^{n} X_i - \frac{1}{n}\sum_{i=1}^{n} E(X_i)\right| < \varepsilon\right) = 1$$

成立, 则称随机序列 $\{X_n\}$ **服从大数定理**.

5.1.2　常用的几个大数定理

定理 5.1 (伯努利大数定理)　设 μ_n 为 n 重伯努利试验中事件 A 发生的次数, 而 $p(0 < p < 1)$ 是事件 A 在每次试验中发生的概率, 则 $\forall \varepsilon > 0$, 有

$$\lim_{n\to+\infty} p\left\{\left|\frac{\mu_n}{n} - p\right| < \varepsilon\right\} = 1.$$

证明　记 $X_k = \begin{cases} 1, & 第\ k\ 次试验\ A\ 发生, \\ 0, & 第\ k\ 次试验\ A\ 不发生 \end{cases}$ $(k = 1, 2, \cdots, n)$, 则 $X_1, X_2, \cdots, X_n$ 是 n 个相互独立的随机变量, 且 $E(X_k) = p$, $\mathrm{Var}(X_k) = pq$, $\mu_n = \sum\limits_{k=1}^{n} X_k$, 于是

$$\frac{\mu_n}{n} - p = \frac{\mu_n - np}{n} = \frac{1}{n}\sum_{k=1}^{n} X_k - \frac{1}{n}E\left(\sum_{k=1}^{n} X_k\right).$$

由切比雪夫不等式得

$$p\left(\left|\frac{\mu_n}{n}-p\right|\geqslant\varepsilon\right)=p\left(\left|\frac{1}{n}\sum_{k=1}^{n}X_k-\frac{1}{n}E\left(\sum_{k=1}^{n}X_k\right)\right|\geqslant\varepsilon\right)\leqslant\frac{\mathrm{Var}\left(\sum\limits_{k=1}^{n}X_k\right)}{n^2\varepsilon^2}=\frac{pq}{n\varepsilon^2}.$$

再由 $p\left(\left|\frac{\mu_n}{n}-p\right|\geqslant\varepsilon\right)\geqslant 0$ 得

$$\lim_{n\to+\infty}p\left(\left|\frac{\mu_n}{n}-p\right|\geqslant\varepsilon\right)=0.$$

即 $\lim\limits_{n\to+\infty}p\left\{\left|\frac{\mu_n}{n}-p\right|<\varepsilon\right\}=1.$

定理 5.2 (切比雪夫大数定理)　设 $\{X_n\}$ 为一两两不相关的随机变量序列, 若每个 X_i 的方差存在, 且有共同的上界, 即存在常数 c, 使得 $\mathrm{Var}(X_i)\leqslant c(i=1,2,3,\cdots)$, 则 $\forall\varepsilon>0$, 有

$$\lim_{n\to+\infty}p\left(\left|\frac{1}{n}\sum_{i=1}^{n}X_i-\frac{1}{n}\sum_{i=1}^{n}E(X_i)\right|<\varepsilon\right)=1.$$

证明　由 $\{X_n\}$ 两两不相关得

$$\mathrm{Var}\left(\sum_{i=1}^{n}X_i\right)=\sum_{i=1}^{n}\mathrm{Var}(X_i)\leqslant nc.$$

由切比雪夫不等式得

$$p\left(\left|\frac{1}{n}\sum_{i=1}^{n}X_i-\frac{1}{n}\sum_{i=1}^{n}E(X_i)\right|\geqslant\varepsilon\right)\leqslant\frac{\mathrm{Var}\left(\sum\limits_{i=1}^{n}X_i\right)}{n^2\varepsilon^2}=\frac{c}{n\varepsilon^2}.$$

再由 $p\left(\left|\frac{1}{n}\sum\limits_{i=1}^{n}X_i-\frac{1}{n}\sum\limits_{i=1}^{n}E(X_i)\right|\geqslant\varepsilon\right)\geqslant 0$ 得

$$\lim_{n\to+\infty}p\left(\left|\frac{1}{n}\sum_{i=1}^{n}X_i-\frac{1}{n}\sum_{i=1}^{n}E(X_i)\right|\geqslant\varepsilon\right)=0.$$

即 $\lim\limits_{n\to+\infty}p\left(\left|\frac{1}{n}\sum\limits_{i=1}^{n}X_i-\frac{1}{n}\sum\limits_{i=1}^{n}E(X_i)\right|<\varepsilon\right)=1.$

定理 5.3 (马尔可夫大数定理)　设 $\{X_n\}$ 为一随机变量序列, 若马尔可夫条件

$$\lim_{n\to+\infty}\frac{1}{n^2}\mathrm{Var}\left(\sum_{i=1}^{n}X_i\right)=0$$

成立, 则 $\forall\varepsilon>0$, 有

$$\lim_{n\to+\infty}p\left(\left|\frac{1}{n}\sum_{i=1}^{n}X_i-\frac{1}{n}\sum_{i=1}^{n}E(X_i)\right|<\varepsilon\right)=1.$$

定理 5.4 (辛钦大数定理) 设 $\{X_n\}$ 为一独立同分布的随机变量序列, 若 X_i 的数学期望存在, 则 $\forall\varepsilon>0$, 有

$$\lim_{n\to+\infty}p\left(\left|\frac{1}{n}\sum_{i=1}^{n}X_i-\frac{1}{n}\sum_{i=1}^{n}E(X_i)\right|<\varepsilon\right)=1.$$

注 (1) 伯努利大数定理是切比雪夫大数定理的特例;

(2) 切比雪夫大数定理是马尔可夫大数定理的特例;

(3) 伯努利大数定理是辛钦大数定理的特例.

5.2 中心极限定理

5.2.1 独立随机变量和

设 $\{X_n\}$ 为独立随机变量序列, 记

$$Y_n=\sum_{i=1}^{n}X_i.$$

中心极限定理就是研究独立随机变量和的极限分布为正态分布的问题.

5.2.2 独立同分布下的中心极限定理

定理 5.5 (林德伯格–列维中心极限定理) 设 $\{X_n\}$ 是独立同分布的随机变量序列, 且 $E(X_i)=\mu$, $\mathrm{Var}(X_i)=\sigma^2(i=1,2,\cdots)$, 则对任意实数 x, 有

$$\lim_{n\to+\infty}p\left(\frac{\sum\limits_{i=1}^{n}X_i-n\mu}{\sigma\sqrt{n}}\leqslant x\right)=\varPhi(x)=\frac{1}{\sqrt{2\pi}}\int_{-\infty}^{x}\mathrm{e}^{-\frac{t^2}{2}}\mathrm{d}t.$$

定理 5.6 (棣莫弗–拉普拉斯极限定理) 设 μ_n 是 n 重伯努利试验中事件 A 发生的次数, 而 p 是事件 A 在每次试验中发生的概率, 则对任意实数 x, 有

$$\lim_{n\to+\infty}p\left(\frac{\mu_n-np}{\sqrt{npq}}\leqslant x\right)=\varPhi(x)=\frac{1}{\sqrt{2\pi}}\int_{-\infty}^{x}\mathrm{e}^{-\frac{t^2}{2}}\mathrm{d}t.$$

由中心极限定理知, 二项分布在 $np>5$ 和 $n(1-p)>5$ 时, 用正态分布近似较好, 因为二项分布是离散分布, 而正态分布是连续分布, 所以用正态分布作为二项

分布的近似计算中, 做些修正可以提高精度. 若 $k_1 \leqslant k_2$ 均为整数, 一般先做如下修正后再用正态近似

$$\begin{aligned} p(k_1 \leqslant \mu_n \leqslant k_2) &= p(k_1 - 0.5 < \mu_n < k_2 + 0.5) \\ &\approx \Phi\left(\frac{k_2 + 0.5 - np}{\sqrt{npq}}\right) - \Phi\left(\frac{k_1 - 0.5 - np}{\sqrt{npq}}\right). \end{aligned}$$

例 5.1　100 个独立工作 (工作的概率为 0.9) 的部件组成一个系统, 求系统中至少有 85 个部件工作的概率?

解　令 $X_i = \begin{cases} 1, & \text{第 } i \text{ 个部件正常工作}, \\ 0, & \text{第 } i \text{ 个部件不正常工作}, \end{cases}$ 则系统中正常工作的部件数为

$$Y = \sum_{i=1}^{100} X_i \sim b(100, 0.9),$$

且 $E(Y) = 90$, $\mathrm{Var}(Y) = 9$, 于是, 所求概率为

$$\begin{aligned} p(Y \geqslant 85) &= p(Y \geqslant 85 - 0.5) \approx 1 - \Phi\left(\frac{85 - 0.5 - 90}{3}\right) \\ &= 1 - \Phi(-5.5/3) = \Phi(1.83) = 0.966. \end{aligned}$$

例 5.2　某车间有 200 台独立工作 (工作的概率为 0.7) 的机床, 每台机床工作时需 15(kW) 电力, 问共需多少电力, 才可以有 95%的可能性保证此车间正常生产?

解　令 $X_i = \begin{cases} 1, & \text{第 } i \text{ 台机床工作}, \\ 0, & \text{第 } i \text{ 台机床不工作}, \end{cases}$ 则 200 台机床中同时工作的机床数为

$$Y = \sum_{i=1}^{200} X_i \sim b(200, 0.7),$$

且 $E(Y) = 140$, $\mathrm{Var}(Y) = 42$.

此车间正常生产 $\Leftrightarrow$ 同时工作的 Y 台机床所需电力数不超过供电数 y(kW), 于是, 由题意知

$$p(15Y \leqslant y) \approx \Phi\left(\frac{y/15 + 0.5 - 140}{\sqrt{42}}\right) \geqslant 0.95.$$

由 $\Phi(1.645) = 0.95$

$$\Rightarrow \frac{y/15 + 0.5 - 140}{\sqrt{42}} \geqslant 1.645$$

$\Rightarrow y \geqslant 2252(\text{kW})$.

例 5.3 用调查对象中的收看比例 k/n 作为某电视节目的收视率 p 的估计. 要有 90%的把握, 使 k/n 与 p 的差异不大于 0.05, 问至少要调查多少对象?

解 令 $X_i = \begin{cases} 1, & \text{第 } i \text{ 个调查对象收看此电视节目}, \\ 0, & \text{第 } i \text{ 个调查对象不看此电视节目}, \end{cases}$ 则 n 个调查对象中收看此电视节目的人数

$$Y = \sum_{i=1}^{n} X_i \sim b(n,p),$$

由题意知

$$\begin{aligned} p\left(\left|\frac{Y}{n} - p\right| \leqslant 0.05\right) &= p(np - 0.05n \leqslant Y \leqslant np + 0.05n) \\ &= p(np - 0.05n - 0.5 < Y < np + 0.05n + 0.5) \\ &\approx \varPhi\left(\frac{0.05n + 0.5}{\sqrt{npq}}\right) - \varPhi\left(-\frac{0.05n + 0.5}{\sqrt{npq}}\right) \\ &= 2\varPhi\left(\frac{0.05n + 0.5}{\sqrt{npq}}\right) - 1 \geqslant 0.9 \\ &\Rightarrow \varPhi\left(\frac{0.05n + 0.5}{\sqrt{npq}}\right) \geqslant 0.95. \end{aligned}$$

由 $\varPhi(1.645) = 0.95 \Rightarrow \dfrac{0.05n + 0.5}{\sqrt{npq}} \geqslant 1.645$, 再由

$$pq = p(1-p) \leqslant 0.25$$

$$\Rightarrow \frac{0.05n + 0.5}{\sqrt{0.25n}} = \frac{n + 10}{10\sqrt{n}} \geqslant 1.645 \Rightarrow n \geqslant 250.2.$$

即至少要调查 251 个对象.

习 题 5

A 组

1. 设计算器进行加法计算时, 所有舍入误差相互独立且服从 $(-0.5, 0.5)$ 上的均匀分布.

(1) 将 1500 个数相加, 问误差总和的绝对值超过 15 的概率是多少;

(2) 最多可以有几个数相加, 其误差总和的绝对值小于 10 的概率不小于 0.90?

2. 一批木材中有 80%的长度不小于 3m, 从中任取 100 根, 求其中至少有 30 根长度短于 3m 的概率?

3. 某商店出售价格分别为 1(元), 1.2(元), 1.5(元) 的 3 种蛋糕, 每种蛋糕被购买的概率分别为 0.3, 0.2, 0.5. 若某天售出 300 只蛋糕, (1) 求这天收入为 400(元) 的概率; (2) 求这天售出价格为 1.2(元) 蛋糕多于 60 只的概率?

4. 进行独立重复试验, 每次试验中事件 A 发生的概率为 0.25. 问能以 95%的把握保证 1000 次试验中事件 A 发生的频率与概率相差多少? 此时 A 发生的次数在什么范围内?

5. 在人寿保险公司里有 3000 个同龄人参加人寿保险. 在一年内每人的死亡率为 0.1%, 参加保险的人在一年的第一天交付保险费 10 元, 死亡时家属可以从保险公司领取 2000 元. 试用中心极限定理求保险公司亏本的概率?

B 组

1. 设 $\{X_n\}$ 为独立随机变量序列, 且

$$p\left(X_n = \pm\sqrt{\ln n}\right) = \frac{1}{2}, \quad n = 1, 2, \cdots.$$

证明 $\{X_n\}$ 服从大数定理.

2. 设 $\{X_n\}$ 为独立随机变量序列, 且

$$p(X_n = \pm 2^n) = \frac{1}{2^{2n+1}}, \quad p(X_n = 0) = 1 - \frac{1}{2^{2n}}, \quad n = 1, 2, \cdots.$$

证明 $\{X_n\}$ 服从大数定理.

3. 设 $\{X_n\}$ 为独立随机变量序列, 且 $p(X_1 = 0) = 1$,

$$p(X_n = \pm\sqrt{n}) = \frac{1}{n}, \quad p(X_n = 0) = 1 - \frac{2}{n}, \quad n = 2, 3, \cdots.$$

证明 $\{X_n\}$ 服从大数定理.

4. 设 $\{X_n\}$ 为独立随机变量序列, 且

$$p(X_n = 1) = p_n, \quad p(X_n = 0) = 1 - p_n, \quad n = 1, 2, \cdots.$$

证明 $\{X_n\}$ 服从大数定理.

5. 设 $\{X_n\}$ 为独立同分布的随机变量序列, 其共同分布为

$$p\left(X_n = \frac{2^n}{n^2}\right) = \frac{1}{2^n}, \quad n = 1, 2, \cdots.$$

证明 $\{X_n\}$ 服从大数定理.

第 6 章　数理统计的基础知识

在概率论的讨论中, 概率分布通常被假定为已知的, 而一切计算和推理就是在这已知的基础上得出的. 但在实际问题中, 情况并非如此, 一个随机现象所遵循的分布是什么可能完全不知道; 或者根据随机现象所反映的某些事实能断定其分布类型, 但却不知道其分布函数中所含的参数.

为找出描述随机现象的随机变量的分布或分布中的未知参数, 就需要从所研究的全体对象中抽取一部分进行观测或试验, 以取得信息, 从而对所关心的问题做出推断和估计. 于是如何抽取样本以获取合理的数据, 怎样合理地利用采集的数据资料对问题做出推断等就成为数理统计研究的问题.

6.1　总体与样本

在数理统计中, 常把研究对象的全体称为**总体**, 而把总体中的每个对象称为**个体**, 例如, 在研究 IT 从业人员的收入时, 所有 IT 从业人员就构成了研究的总体, 其中每个 IT 从业人员就是个体. 在这里, 我们关心的不是 IT 从业人员而是他们的收入, 也就是说, 我们研究的对象是这些收入构成的集合, 这样一来, 若抛开实际背景, **总体就是一个数据的集合**. 在这个集合中, 有些数字出现的频率高, 有的出现的频率低, 因此用一个概率分布去描述和归纳是恰当的, 从这个意义看, **总体就是一个分布**, 可用随机变量 X 表示.

为了了解总体的分布, 我们将从总体中随机地抽取 n 个个体, 记其指标值为 $x_1, x_2, \cdots, x_n$, 将其称为**样本**, n 称为**样本容量**, 样本中的个体称为**样品**.

样本具有两重性: 一方面, 由于样本是从总体中随机抽取的, 抽取前无法预知它们的数值, 因此, 样本是随机变量, 用大写字母 $X_1, X_2, \cdots, X_n$ 表示; 另一方面, 样本在抽取以后经观测就有确定的观测值, 因此, 样本又是一组数值, 此时用小写字母 $x_1, x_2, \cdots, x_n$ 表示是恰当的. 为简单起见, 本书中样本一般均用 $x_1, x_2, \cdots, x_n$ 表示.

由于样本只是总体的一部分, 不可能与总体完全一样, 因而从样本情况推断总体情况的误差不可避免. 为使得推断可靠, 就必须要求从总体中抽取的样本满足如下条件:

(1) **随机性**　总体中每一个个体都有同等机会被选入样本, 即 x_i 与总体 X 有相同的分布;

(2) **独立性**　样本中每一样品的取值不影响其他样品的取值, 即 $x_1, x_2, \cdots, x_n$ 相互独立.

这样得到的样本称为**简单随机样本**, 若没有特别说明, 以后所提到的样本均是指简单随机样本.

总体 X 的分布函数为 $F(x)$, $x_1, x_2, \cdots, x_n$ 为取自该总体的容量为 n 的样本, 则样本联合分布函数为

$$F(x_1, \cdots, x_n) = \prod_{i=1}^{n} F(x_i),$$

其中 $F(x_i)$ 表示样品 x_i 的分布函数.

例 6.1　设某电子元件失效时间服从参数为 λ 的指数分布, 其中 λ 未知, 现从中抽取了 n 个元件测得其失效时间为 $x_1, x_2, \cdots, x_n$, 试求样本的联合分布?

解　由于样本的联合分布函数

$$F(x_1, \cdots, x_n) = \prod_{i=1}^{n} F(x_i),$$

于是样本联合密度函数为

$$f(x_1, \cdots, x_n) = \prod_{i=1}^{n} f(x_i) = \begin{cases} \prod\limits_{i=1}^{n} \lambda \mathrm{e}^{-\lambda x_i} = \lambda^n \mathrm{e}^{-\lambda \sum\limits_{i=1}^{n} x_i}, & x_1, \cdots, x_n > 0, \\ 0, & \text{其他}. \end{cases}$$

6.2　统计量及其分布

6.2.1　统计量与抽样分布

样本是我们进行分析和推断的起点, 但实际上我们往往并不直接利用样本进行推断, 而需要对样本进行一番 “加工” 和 “提炼”, 将分散于样本中的信息集中起来, 最好的处理方法是构造样本的函数, 不同的函数反映总体的不同特征.

定义 6.1　设 $x_1, x_2, \cdots, x_n$ 为取自总体 X 的样本, 若样本函数 $T = T(x_1, x_2, \cdots, x_n)$ 中不含有任何未知参数, 则称 T 为**统计量**, 统计量的分布称为**抽样分布**.

按照这一定义, 若 $x_1, x_2, \cdots, x_n$ 为样本, 则 $\sum\limits_{i=1}^{n} x_i$, $\sum\limits_{i=1}^{n} x_i^2$ 都是统计量; 而当 μ, σ^2 未知时, $x_1 - \mu, x_1/\sigma$ 等均不是统计量.

尽管统计量不依赖于未知参数, 但是它的分布一般是依赖于未知参数的. 下面介绍一些常见的统计量及其抽样分布.

6.2.2 样本均值及其抽样分布

定义 6.2 设 $x_1, x_2, \cdots, x_n$ 为取自某总体的样本, 其算术平均值称为**样本均值**, 一般用 $\bar{x}$ 表示, 即

$$\bar{x} = \frac{1}{n}\sum_{i=1}^{n} x_i.$$

定理 6.1 若把样本中的数据与样本均值之差称为**偏差**, 则样本所有偏差之和为 0, 即

$$\sum_{i=1}^{n}(x_i - \bar{x}) = 0.$$

定理 6.2 设 $x_1, x_2, \cdots, x_n$ 是来自某个总体的样本, $\bar{x}$ 为样本均值,

(1) 若总体分布为 $N(\mu, \sigma^2)$, 则 $\bar{x}$ 的精确分布为 $N\left(\mu, \dfrac{\sigma^2}{n}\right)$;

(2) 若总体分布未知或不是正态分布, 但 $E(X) = \mu$, $\mathrm{Var}(X) = \sigma^2$, 则 n 较大时, $\bar{x}$ 的渐近分布为 $N\left(\mu, \dfrac{\sigma^2}{n}\right)$, 常记为 $\bar{x} \dot{\sim} N\left(\mu, \dfrac{\sigma^2}{n}\right)$.

这里渐近分布是指 n 较大时的近似分布.

6.2.3 样本方差与样本标准差

定义 6.3 $s^{*2} = \dfrac{1}{n}\displaystyle\sum_{i=1}^{n}(x_i - \bar{x})^2$ 称为**样本方差**, 其算术平方根 $s^* = \sqrt{s^{*2}}$ 称为**样本标准差**.

定义 6.4 $s^2 = \dfrac{1}{n-1}\displaystyle\sum_{i=1}^{n}(x_i - \bar{x})^2$ 称为**修正样本方差**, 其算术平方根 $s = \sqrt{s^2}$ 称为**修正样本标准差**.

以后若无特别说明, 所提到的样本方差均指修正样本方差.

定理 6.3 设总体 X 具有二阶矩, 即

$$E(X) = \mu < \infty, \quad \mathrm{Var}(X) = \sigma^2 < \infty,$$

$x_1, x_2, \cdots, x_n$ 为从该总体得到的样本, $\bar{x}$ 和 s^2 分别是样本均值和样本方差, 则

$$E(\bar{x}) = \mu, \quad \mathrm{Var}(\bar{x}) = \frac{\sigma^2}{n}, \quad E(s^2) = \sigma^2.$$

6.2.4 样本矩

样本均值和样本方差的更一般的推广是样本矩.

定义 6.5 设 $x_1, x_2, \cdots, x_n$ 是取自总体 X 的样本, 则统计量

$$a_k = \frac{1}{n}\sum_{i=1}^{n} x_i^k$$

称为**样本 k 阶原点矩**;

$$b_k = \frac{1}{n}\sum_{i=1}^{n}(x_i - \bar{x})^k$$

称为**样本 k 阶中心矩**.

6.2.5 次序统计量及其分布

定义 6.6 设 $x_1, x_2, \cdots, x_n$ 是取自总体 X 的样本, $x_{(i)}$ 称为**该样本的第 i 个次序统计量**, 它的取值是将样本观测值由小到大排列后得到的第 i 个观测值, 其中 $x_{(1)} = \min\{x_1, x_2, \cdots, x_n\}$ 称为该样本的**最小次序统计量**, 称 $x_{(n)} = \max\{x_1, x_2, \cdots, x_n\}$ 为该样本的**最大次序统计量**.

在一个样本中, $x_1, x_2, \cdots, x_n$ 是独立同分布的, 而次序统计量 $x_{(1)}, x_{(2)}, \cdots, x_{(n)}$ 则既不独立, 分布也不相同.

定理 6.4 设总体 X 的密度函数为 $f(x)$, 分布函数为 $F(x), x_1, x_2, \cdots, x_n$ 为样本, 则第 k 个次序统计量 $x_{(k)}$ 的密度函数为

$$f_k(x) = \frac{n!}{(k-1)!(n-k)!}(F(x))^{k-1}(1-F(x))^{n-k}f(x).$$

6.3 三大抽样分布

以标准正态变量为基石而构造的三个著名统计量在实际中有广泛的应用, 这是因为这三个统计量不仅有明确背景, 而且其抽样分布的密度函数有明显表达式, 它们被称为统计中的 "三大抽样分布".

6.3.1 χ^2 分布 (卡方分布)

定义 6.7 设 $x_1, x_2, \cdots, x_n$ 是取自 $N(0,1)$ 的样本, 则统计量

$$X = x_1^2 + x_2^2 + \cdots + x_n^2$$

服从**自由度为 n 的 χ^2 分布**, 记为 $X \sim \chi^2(n)$, 其密度函数为

$$f(x) = \frac{1}{2^{\frac{n}{2}}\Gamma\left(\frac{n}{2}\right)} x^{\frac{n}{2}-1}\mathrm{e}^{-\frac{x}{2}}, \quad x > 0,$$

其中 $\Gamma(\alpha)=\int_0^{+\infty}x^{\alpha-1}\mathrm{e}^{-x}\mathrm{d}x(\alpha>0)$ 是 Γ(伽马) 函数.

该密度函数的图像是一个只取非负值的偏态分布, 随着 n 的增大, 曲线的峰值向右移动, 图形变得比较扁平并趋于对称, 且 $E(\chi^2)=n$, $\mathrm{Var}(\chi^2)=2n$, 其图形如图 6.1 所示.

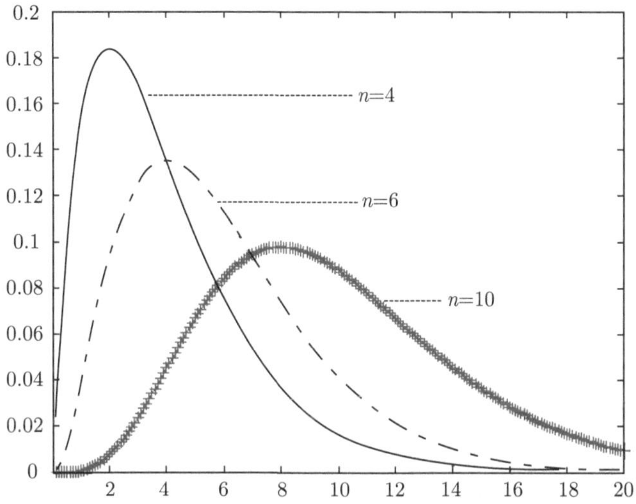

图 6.1

当随机变量 $\chi^2\sim\chi^2(n)$ 时, 对给定 $\alpha(0<\alpha<1)$, 满足 $p(\chi^2\leqslant\chi^2_{1-\alpha}(n))=1-\alpha$ 的 $\chi^2_{1-\alpha}(n)$ 称为**自由度为 n 的卡方分布的 $1-\alpha$ 分位数**, 分位数 $\chi^2_{1-\alpha}(n)$ 可以从附表中查到.

6.3.2 t 分布

定义 6.8 设随机变量 X 与 Y 独立, 且 $X\sim N(0,1), Y\sim\chi^2(n)$, 则称随机变量

$$t=\frac{X}{\sqrt{Y/n}}$$

服从**自由度为 n 的 t 分布**, 记为 $t\sim t(n)$, 其密度函数为

$$f(x)=\frac{\Gamma\left(\dfrac{n+1}{2}\right)}{\sqrt{n\pi}\Gamma\left(\dfrac{n}{2}\right)}\left(1+\frac{x^2}{n}\right)^{-\frac{n+1}{2}},\quad -\infty<x<+\infty.$$

t 分布的密度函数的图像是一个关于纵轴对称的分布, 与标准正态分布的密度函数形状类似, 只是峰比标准正态分布低一些, 尾部的概率比标准正态分布的大一些, 其图形如图 6.2 所示.

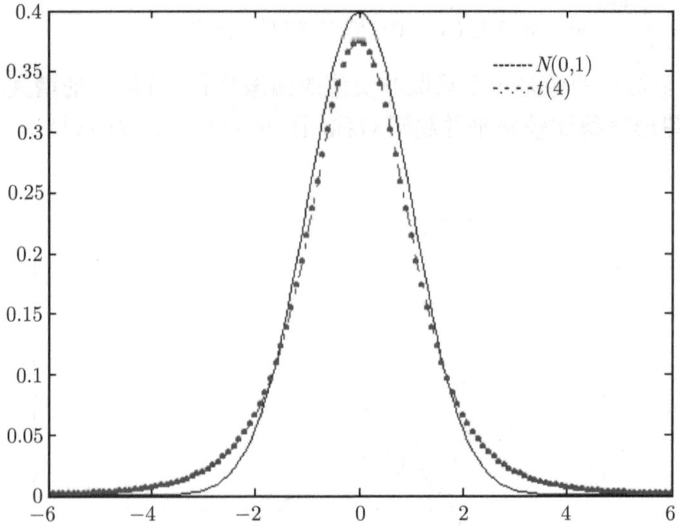

图 6.2

关于 t 分布有如下性质：

(1) 自由度为 1 的 t 分布就是标准柯西分布, 它的均值不存在;

(2) $n>1$ 时, t 分布的数学期望存在且为 0;

(3) $n>2$ 时, t 分布的方差存在, 且为 $\dfrac{n}{n-2}$;

(4) 当自由度较大 (如 $n\geqslant 30$) 时, t 分布可以用正态分布 $N(0,1)$ 近似.

当随机变量 $t\sim t(n)$ 时, 对给定的 $\alpha(0<\alpha<1)$, 满足 $p(t\leqslant t_{1-\alpha}(n))=1-\alpha$ 的 $t_{1-\alpha}(n)$ 称为**自由度为 n 的 t 分布的 $1-\alpha$ 分位数**, 分位数 $t_{1-\alpha}(n)$ 可以从附表中查到.

由于 t 分布的密度函数关于 y 轴对称, 故其分位数间有如下关系:

$$t_\alpha(n)=-t_{1-\alpha}(n).$$

例 6.2　设样本 $X_1,X_2,\cdots,X_5$ 来自总体 $N(0,1)$, $Y=\dfrac{C(X_1+X_2)}{(X_3^2+X_4^2+X_5^2)^{1/2}}$, 试确定常数 C 使 Y 服从 t 分布.

解　由于 $\dfrac{X_1+X_2}{\sqrt{2}}\sim N(0,1), X_3^2+X_4^2+X_5^2\sim\chi^2(3)$, 且它们相互独立, 于是

$$\frac{(X_1+X_2)/\sqrt{2}}{\sqrt{(X_3^2+X_4^2+X_5^2)/3}}\sim t(3),$$

故应取 $C=\sqrt{\dfrac{3}{2}}$, 此时有 $Y\sim t(3)$.

6.3.3 F 分布

定义 6.9 设 $X \sim \chi^2(m), Y \sim \chi^2(n)$, 且 X 与 Y 相互独立, 则称随机变量

$$F = \frac{X/m}{Y/n}$$

服从**第一自由度为 m (分子自由度), 第二自由度为 n (分母自由度) 的 F 分布**, 记为 $F \sim F(m,n)$, 其密度函数为

$$f(x;m,n) = \frac{\Gamma\left(\frac{m+n}{2}\right)}{\Gamma\left(\frac{m}{2}\right)\Gamma\left(\frac{n}{2}\right)} m^{\frac{m}{2}} n^{\frac{n}{2}} x^{\frac{m}{2}-1} (n+mx)^{-\frac{m+n}{2}}, \quad x > 0.$$

该密度函数的图像也是一个只取非负值的偏态分布, 其图形如图 6.3 所示.

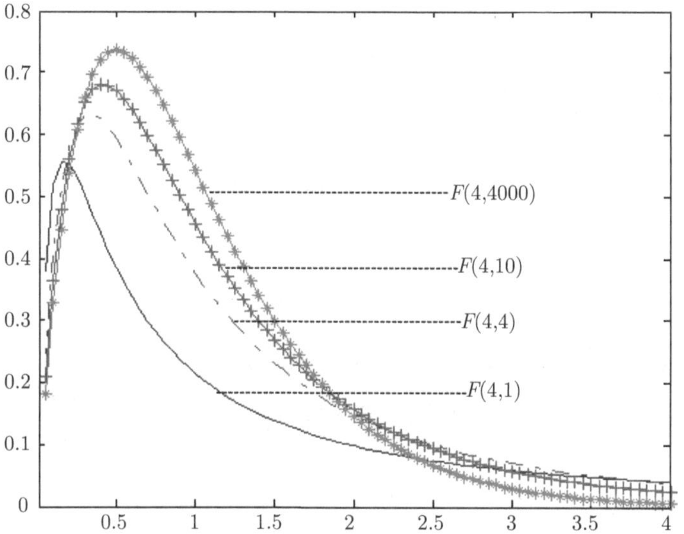

图 6.3

当随机变量 $F \sim F(m,n)$ 时, 对给定的 $\alpha (0 < \alpha < 1)$, 满足 $p(F \leqslant F_{1-\alpha}(m,n)) = 1-\alpha$ 的 $F_{1-\alpha}(m,n)$ 称为**自由度为 m 与 n 的 F 分布的 $1-\alpha$ 分位数**, 分位数 $F_{1-\alpha}(m,n)$ 可以从附表中查到.

由 F 分布的构造知: $F_\alpha(n,m) = \dfrac{1}{F_{1-\alpha}(m,n)}$.

例 6.3 设样本 X_1, X_2 来自总体 $N(0,\sigma^2)$, 试确定 $Y = \left(\dfrac{X_1+X_2}{X_1-X_2}\right)^2$ 的分布.

解 由于 $X_1+X_2 \sim N(0,2\sigma^2)$, $X_1-X_2 \sim N(0,2\sigma^2)$, 故

$$\left(\frac{X_1+X_2}{\sqrt{2}\sigma}\right)^2 \sim \chi^2(1), \quad \left(\frac{X_1-X_2}{\sqrt{2}\sigma}\right)^2 \sim \chi^2(1).$$

再由它们相互独立可得

$$Y=\left(\frac{X_1+X_2}{X_1-X_2}\right)^2=\frac{((X_1+X_2)/\sqrt{2}\sigma)^2}{((X_1-X_2)/\sqrt{2}\sigma)^2}\sim F(1,1).$$

6.3.4 一些重要结论

定理 6.5 设 $x_1,x_2,\cdots,x_n$ 是来自总体 $N(\mu,\sigma^2)$ 的样本, 则有

(1) $\bar{x}$ 与 s^2 相互独立; (2) $\bar{x}\sim N\left(\mu,\dfrac{\sigma^2}{n}\right)$; (3) $\dfrac{(n-1)s^2}{\sigma^2}\sim\chi^2(n-1)$.

定理 6.6 设 $x_1,x_2,\cdots,x_n$ 是来自总体 $N(\mu,\sigma^2)$ 的样本, 则有

$$t=\frac{\bar{x}-\mu}{s/\sqrt{n}}\sim t(n-1).$$

定理 6.7 设 $x_1,x_2,\cdots,x_m$ 是来自 $N(\mu_1,\sigma_1^2)$ 的样本, $y_1,y_2,\cdots,y_n$ 是来自 $N(\mu_2,\sigma_2^2)$ 的样本, 且此两样本相互独立, 则有

$$F=\frac{s_x^2/\sigma_1^2}{s_y^2/\sigma_2^2}\sim F(m-1,n-1),$$

其中 $s_x^2=\dfrac{1}{m-1}\displaystyle\sum_{i=1}^{m}(x_i-\bar{x})^2$, $s_y^2=\dfrac{1}{n-1}\displaystyle\sum_{i=1}^{n}(y_i-\bar{y})^2$.

特别地, 若 $\sigma_1^2=\sigma_2^2$, 则 $F=s_x^2/s_y^2\sim F(m-1,n-1)$.

定理 6.8 在定理 6.7 的记号下, 若 $\sigma_1^2=\sigma_2^2=\sigma^2$, $s_w^2=\dfrac{(m-1)s_x^2+(n-1)s_y^2}{m+n-2}$, 则

$$t=\frac{(\bar{x}-\bar{y})-(\mu_1-\mu_2)}{s_w\sqrt{\dfrac{1}{m}+\dfrac{1}{n}}}\sim t(m+n-2).$$

习 题 6

A 组

1. 某学校学生会通过问卷调查了解大学生使用手机的情况, 该项研究中总体和样本各是什么?

2. 为了解经济系管理专业本科毕业生工作后的就业情况, 调查了某地区 30 名 2010 年毕业的管理专业本科生工作后的月薪情况. 该项研究中总体和样本各是什么? 样本容量是多少?

3. 某厂生产的晶体管的使用寿命服从指数分布, 为了解其平均寿命, 从中抽出 n 件产品检测, 什么是总体、样本? 样本的分布是什么?

4. 某工厂通过抽样调查得到 5 名工人一周内生产的产品数为 149, 156, 160, 138, 149. 求样本均值和样本方差?

5. 设总体 $X \sim N(\mu, \sigma^2)$, 假如要以 0.9606 的概率保证偏差 $|\bar{x}-\mu| < 0.1$, 问当 $\sigma^2 = 0.25$ 时, 样本容量应取多大?

6. 从一个正态总体 $X \sim N(\mu, \sigma^2)$ 中抽取容量为 10 的样本, 且 $p(|\bar{x}-\mu| > 4) = 0.02$, 求 σ?

7. 设在总体 $X \sim N(\mu, \sigma^2)$ 抽取一个容量为 16 的样本, 这里 μ, σ^2 均未知, 求 $p\left(\dfrac{s^2}{\sigma^2} \leqslant 1.664\right)$?

8. 设总体 $X \sim N(\mu, 16)$, $x_1, x_2, \cdots, x_{10}$ 为取自该总体的样本, 已知 $p(s^2 > a) = 0.1$, 求常数 a?

9. 设总体 $X \sim N(\mu, \sigma^2)$, $x_1, x_2, \cdots, x_n$ 为取自该总体的样本, 求:

(1) $p\left((\bar{x}-\mu)^2 \leqslant \dfrac{\sigma^2}{n}\right)$; (2) 当样本容量很大时, $p\left((\bar{x}-\mu)^2 \leqslant \dfrac{2s^2}{n}\right)$; (3) 当样本容量等于 6 时, $p\left((\bar{x}-\mu)^2 \leqslant \dfrac{2s^2}{3}\right)$?

10. 设 $x_1, x_2, \cdots, x_{10}$ 为取自总体 $X \sim N(0, 0.09)$ 的样本, 求 $p\left(\sum\limits_{i=1}^{10} x_i^2 > 1.44\right)$?

11. 设 $x_1, x_2, \cdots, x_n$ 是取自总体 $X \sim N(\mu, \sigma^2)$ 的样本, $\bar{x}$ 为样本均值, 又记 $s_1^2 = \dfrac{1}{n-1}\sum\limits_{i=1}^{n}(x_i-\bar{x})^2, s_2^2 = \dfrac{1}{n}\sum\limits_{i=1}^{n}(x_i-\bar{x})^2$, $s_3^2 = \dfrac{1}{n-1}\sum\limits_{i=1}^{n}(x_i-\mu)^2, s_4^2 = \dfrac{1}{n}\sum\limits_{i=1}^{n}(x_i-\mu)^2$, 则服从分布 $t(n-1)$ 的随机变量 $t =$ ____.

A. $\dfrac{\bar{x}-\mu}{s_1/\sqrt{n-1}}$; B. $\dfrac{\bar{x}-\mu}{s_2/\sqrt{n-1}}$; C. $\dfrac{\bar{x}-\mu}{s_3/\sqrt{n-1}}$; D. $\dfrac{\bar{x}-\mu}{s_4/\sqrt{n-1}}$.

12. 若 $T \sim t(n)$, 则 T^2 服从什么分布?

B 组

1. 设 $x_1, x_2, \cdots, x_9$ 为取自总体 $X \sim N(0, 4)$ 的样本, 求常数 a, b, c 使得 $Q = a(x_1+x_2)^2 + b(x_3+x_4+x_5)^2 + c(x_6+x_7+x_8+x_9)^2$ 服从 χ^2 分布, 并求其自由度?

2. 设有 k 个正态总体 $X_i \sim N(\mu_i, \sigma^2)$, 从第 i 个总体中抽取容量为 n_i 的样本 $x_{i1}, x_{i2}, \cdots, x_{in_i}$, 且各组样本间相互独立, 记 $\bar{x}_i = \dfrac{1}{n_i}\sum\limits_{j=1}^{n_i} x_{ij} (i = 1, 2, \cdots, k), n = n_1 + n_2 + \cdots + n_k$, 求 $W = \dfrac{1}{\sigma^2}\sum\limits_{i=1}^{k}\sum\limits_{j=1}^{n_i}(x_{ij}-\bar{x}_i)^2$ 的分布?

3. 设随机变量 X, Y 相互独立且都服从标准正态分布, 而 $x_1, x_2, \cdots, x_9$ 和 $y_1, y_2, \cdots, y_9$ 分别是取自总体 X, Y 的相互独立的简单随机样本, 求统计量 $Z = \dfrac{x_1+x_2+\cdots+x_9}{\sqrt{y_1^2+y_2^2+\cdots+y_9^2}}$ 的分布?

4. 设总体 $X \sim N(\mu,\sigma^2)$, 从中取出样本 $x_1,x_2,\cdots,x_n,x_{n+1}$, 记 $\bar{x}_n=\frac{1}{n}\sum_{i=1}^{n}x_i, s_n^2=\frac{1}{n-1}\sum_{i=1}^{n}(x_i-\bar{x}_n)^2$, 求证 $\sqrt{\frac{n}{n+1}}\frac{x_{n+1}-\bar{x}_n}{s_n}\sim t(n-1)$.

5. 设总体 $X\sim N(0,4)$, 而 $x_1,x_2,\cdots,x_{15}$ 为取自该总体的样本, 则随机变量 $Y=\frac{x_1^2+x_2^2+\cdots+x_{10}^2}{2(x_{11}^2+x_{12}^2+\cdots+x_{15}^2)}$ 服从的分布是什么?

6. 设总体 $X\sim N(0,1), x_1,x_2,\cdots,x_n$ 为取自该总体的样本, 求

$$V=\left(\frac{n}{5}-1\right)\frac{\sum_{i=1}^{5}x_i^2}{\sum_{i=6}^{n}x_i^2}(n>5)$$

的分布?

第 7 章　参 数 估 计

数理统计的基本问题是根据样本所提供的信息对总体的分布以及分布中的参数等做出统计推断, 这个问题中的一类是总体分布的类型已知, 而它的某些参数却未知. 例如, 已知总体 X 服从正态分布 $N(\mu, 1)$, 这时只要对 μ 做出了推断, 就对整个总体分布做出了推断. 这类问题称为**参数估计问题**. 下面我们将讨论这类问题.

7.1　点　估　计

设 $x_1, x_2, \cdots, x_n$ 是来自总体 X 的一个样本, θ 为 X 的分布函数中的未知参数, 参数 θ 所有可能取值组成的集合称为**参数空间**, 常用 Θ 表示. 我们用统计量 $\hat{\theta}(x_1, x_2, \cdots, x_n)$ 的取值作为参数 θ 的估计值, 一般称 $\hat{\theta}$ 是 θ 的**点估计量**, 其取值称为 θ 的**点估计值**. 在这里如何构造统计量并没有明确的规定, 只要它满足一定的合理性即可. 这就涉及下面两个问题:

(1) 如何给出估计, 即估计的方法问题;

(2) 如何对不同的估计进行评价, 即估计好坏的判断标准.

接下来我们先介绍两个常用的估计方法, 然后再讨论判断估计好坏的标准.

7.1.1　矩估计法

设总体 X 的分布中有 k 个未知参数 $\theta_1, \cdots, \theta_k$, $x_1, \cdots, x_n$ 是来自 X 的样本. 矩估计法的基本思想就是利用样本矩去替换与之相应的总体矩, 建立点估计量应满足的方程, 然后通过解方程求出未知参数的估计. 具体步骤如下:

(1) 计算总体 X 的 k 阶矩, 其一般是未知参数 $\theta_1, \cdots, \theta_k$ 的函数, 记为 $\mu_k(\theta_1, \cdots, \theta_k)$;

(2) 将总体 k 阶矩分别用相应的样本矩替换, 得到如下方程组

$$\begin{cases} \mu_1(\theta_1, \cdots, \theta_k) = a_1, \\ \mu_2(\theta_1, \cdots, \theta_k) = a_2, \\ \qquad\vdots \\ \mu_k(\theta_1, \cdots, \theta_k) = a_k; \end{cases}$$

(3) 解此方程组得

$$\begin{cases} \theta_1 = \hat{\theta}_1(x_1, \cdots, x_n), \\ \theta_2 = \hat{\theta}_2(x_1, \cdots, x_n), \\ \qquad \vdots \\ \theta_k = \hat{\theta}_k(x_1, \cdots, x_n). \end{cases}$$

这样得到的 $\hat{\theta}_1, \cdots, \hat{\theta}_k$ 就分别称为 $\theta_1, \cdots, \theta_k$ 的**矩估计量**; 其值就是 $\theta_1, \cdots, \theta_k$ 的**矩估计值**.

例 7.1　设 $x_1, x_2, \cdots, x_n$ 为取自总体 $X \sim U(a, b)$ 的样本, 试求参数 a, b 的矩估计量?

解　由 $X \sim U(a, b)$ 知 $E(X) = \dfrac{a+b}{2}, \mathrm{Var}(X) = \dfrac{(b-a)^2}{12}$, 于是

$$\begin{cases} \dfrac{a+b}{2} = \dfrac{1}{n}\sum_{i=1}^{n} x_i, \\ \dfrac{(b-a)^2}{12} = \dfrac{1}{n}\sum_{i=1}^{n}(x_i - \bar{x})^2. \end{cases}$$

求解可得 a, b 的矩估计量分别为

$$\begin{cases} \hat{a} = \bar{x} - \sqrt{3}s, \\ \hat{b} = \bar{x} + \sqrt{3}s, \end{cases}$$

其中 $s = \sqrt{\dfrac{1}{n}\sum_{i=1}^{n}(x_i - \bar{x})^2}$.

例 7.2　设总体 X 的概率分布为

X	-2	1	3
p	$1-k^2$	k^2	$(1-k)^2$

其中 $k(0 < k < 1)$ 为未知参数. 先抽得一个样本 $x_1 = -10, x_2 = 2, x_3 = 3$, 求 k 的矩估计值.

解　由题意知总体的一阶原点矩为

$$E(X) = -2 \times (1-k^2) + 1 \times k^2 + 3(1-k)^2 = 1 - 6k.$$

一阶样本矩为

$$\bar{x} = \frac{1}{3}(-10 + 2 + 3) = -\frac{5}{3}.$$

由 $E(X) = \bar{x}$, 得 $1 - 6k = -\dfrac{5}{3}$, 推出 $\hat{k} = \dfrac{4}{9}$, 即 k 的矩估计量为 $\hat{k} = \dfrac{4}{9}$.

7.1.2 最大似然估计法

最大似然估计法就是在 θ 的一切可能取值中选出一个使样本观测值出现概率最大的 $\hat{\theta}$ 作为 θ 的估计.

定义 7.1 设 $x_1, x_2, \cdots, x_n$ 为取自总体 X 的样本, 总体 X 的概率函数为 $f(x;\theta_1,\cdots,\theta_k)$, 则 $(x_1,x_2,\cdots,x_n)$ 的联合概率函数为

$$L(x_1,\cdots,x_n;\theta_1,\cdots,\theta_k)=\prod_{i=1}^{n} f(x_i;\theta_1,\cdots,\theta_k),$$

称其为**似然函数**, 若统计量 $\hat{\theta}_1(x_1,\cdots,x_n),\cdots,\hat{\theta}_k(x_1,\cdots,x_n)$ 满足

$$L(\hat{\theta}_1,\cdots,\hat{\theta}_k)=\max_{\theta\in\Theta}\{L(x_1,\cdots,x_n;\theta_1,\cdots,\theta_k)\},$$

则称 $\hat{\theta}_1,\cdots,\hat{\theta}_k$ 分别为参数 $\theta_1,\cdots,\theta_k$ 的**最大似然估计量**, 其值称为**最大似然估计值**, 简记为 MLE(Maximum Likelihood Estimate).

为求得似然函数的最大值, 可先将似然函数 $L(x_1,\cdots,x_n;\theta_1,\cdots,\theta_k)$ 取对数得

$$\ln L(x_1,\cdots,x_n;\theta_1,\cdots,\theta_k)=\sum_{i=1}^{n}\ln f(x_i;\theta_1,\cdots,\theta_k);$$

再将 $\ln L(x_1,\cdots,x_n;\theta_1,\cdots,\theta_k)$ 分别对 $\theta_1,\cdots,\theta_k$ 求偏导, 并令其等于 0 得方程组

$$\begin{cases}\dfrac{\partial \ln L(x_1,\cdots,x_n;\theta_1,\cdots,\theta_k)}{\partial\theta_1}=0,\\ \qquad\vdots\\ \dfrac{\partial \ln L(x_1,\cdots,x_n;\theta_1,\cdots,\theta_k)}{\partial\theta_r}=0.\end{cases}$$

最后, 通过解方程组可得参数 $\theta_1,\cdots,\theta_k$ 的最大似然估计量 $\hat{\theta}_1,\cdots,\hat{\theta}_k$.

例 7.3 设某电子元件失效时间服从参数为 λ 的指数分布, 其中 λ 未知, 现从中抽取了 n 个元件测得其失效时间为 $x_1,x_2,\cdots,x_n$, 试求 λ 的最大似然估计量?

解 由题意知, 总体的密度函数为

$$f(x;\lambda)=\begin{cases}\lambda\mathrm{e}^{-\lambda x}, & x>0,\\ 0, & x\leqslant 0.\end{cases}$$

从而似然函数

$$L(\lambda)=\prod_{i=1}^{n}\lambda\mathrm{e}^{-\lambda x_i}=\lambda^n\mathrm{e}^{-\lambda\sum\limits_{i=1}^{n}x_i}.$$

取对数得

$$\ln L(\lambda) = n\ln\lambda - \lambda\sum_{i=1}^{n} x_i.$$

对 λ 求导得

$$\frac{\mathrm{d}}{\mathrm{d}\lambda}\ln L(\lambda) = \frac{n}{\lambda} - \sum_{i=1}^{n} x_i = 0.$$

解之得 λ 的最大似然估计量

$$\hat{\lambda} = \frac{n}{\sum\limits_{i=1}^{n} x_i} = \frac{1}{\bar{x}}.$$

虽然上述方法是求最大似然估计量最常用的方法, 但并不是在所有场合都是有效的.

例 7.4　设 $x_1, x_2, \cdots, x_n$ 为取自总体 $X \sim U(a,b)$ 的样本, 求参数 a, b 的最大似然估计量?

解　由题意知, 总体 X 的密度函数为

$$f(x;a,b) = \begin{cases} \dfrac{1}{b-a}, & a < x < b, \\ 0, & \text{其他}. \end{cases}$$

从而似然函数

$$L(a,b) = \prod_{i=1}^{n} f(x_i;a,b) = \begin{cases} \dfrac{1}{(b-a)^n}, & a < x_i < b, i = 1, 2, \cdots, n, \\ 0, & \text{其他}. \end{cases}$$

我们知道, 使 $L(a,b)$ 达到最大值的点只可能在区域 $a < x_1, x_2, \cdots, x_n < b$ 上, 因而 a, b 应满足

$$a < \min\{x_1, x_2, \cdots, x_n\}, \quad b > \max\{x_1, x_2, \cdots, x_n\}.$$

此外, 要使 $L(a,b)$ 达到最大值, 必须使 $b-a$ 达到最小, 也就是 b 达到最小, 而 a 达到最大, 所以, 当 $a = \min\{x_1, x_2, \cdots, x_n\}, b = \max\{x_1, x_2, \cdots, x_n\}$ 时 $L(a,b)$ 达到最大值, 即 a, b 的最大似然估计量是

$$\begin{cases} \hat{a} = x_{(1)}, \\ \hat{b} = x_{(n)}. \end{cases}$$

7.2 估计量的评价标准

对于总体的参数 θ, 可用不同的估计方法求得其估计量. 方法不同, 所得估计量就不一定相同. 换句话说, 就是同一个参数可有多个估计量. 那么, 选择哪一个估计量作为 θ 的估计量更好呢? 下面就介绍一些常用的评价标准.

7.2.1 无偏性

估计量是一个随机变量, 对一次具体的观测而言, 估计值可能较真实的参数值偏小或偏大, 但在多次试验中所得的估计值的平均值应与真实参数吻合, 这就是估计量的无偏性所要求的.

定义 7.2 设 $\hat{\theta}(x_1, x_2, \cdots, x_n)$ 是未知参数 θ 的估计量, 若有

$$E(\hat{\theta}) = \theta,$$

则称 $\hat{\theta}$ 是 θ 的一个**无偏估计量**, 否则称为**有偏估计量**; 进一步, 若有 $E(\hat{\theta}) \to \theta$, 则称 $\hat{\theta}$ 是 θ 的**渐近无偏估计量**.

例 7.5 设 x_1, x_2, x_3 是来自总体 X 的一个样本, 总体 X 的均值 μ 未知, 试证下列统计量都是 μ 的无偏估计量.

(1) $\hat{\mu}_1 = \frac{1}{3}(x_1 + x_2 + x_3)$;

(2) $\hat{\mu}_2 = \frac{1}{2}x_1 + \frac{1}{6}x_2 + \frac{1}{3}x_3$;

(3) $\hat{\mu}_3 = \frac{1}{5}x_1 + \frac{3}{10}x_2 + \frac{1}{2}x_3$.

证明 因为 x_1, x_2, x_3 是来自总体 X 的样本, 从而有

$$E(\hat{\mu}_1) = \frac{1}{3}[E(x_1) + E(x_2) + E(x_3)] = \frac{1}{3}(\mu + \mu + \mu) = \mu;$$

$$E(\hat{\mu}_2) = \frac{1}{2}E(x_1) + \frac{1}{6}E(x_2) + \frac{1}{3}E(x_3) = \frac{1}{2}\mu + \frac{1}{6}\mu + \frac{1}{3}\mu = \mu;$$

$$E(\hat{\mu}_3) = \frac{1}{5}E(x_1) + \frac{3}{10}E(x_2) + \frac{1}{2}E(x_3) = \frac{1}{5}\mu + \frac{3}{10}\mu + \frac{1}{2}\mu = \mu.$$

所以, $\hat{\mu}_1, \hat{\mu}_2, \hat{\mu}_3$ 均为 μ 的无偏估计量.

7.2.2 有效性

对于参数 θ 的无偏估计量, 其取值在真值的附近波动, 人们自然希望它与真值之间的偏差越小越好, 也就是说无偏估计量的方差越小越有效, 这便是所谓的 “有效性”.

定义 7.3　设 $\hat{\theta}_1$ 和 $\hat{\theta}_2$ 都是未知参数 θ 的无偏估计量, 若有

$$\mathrm{Var}(\hat{\theta}_1) < \mathrm{Var}(\hat{\theta}_2),$$

则称 $\hat{\boldsymbol{\theta}}_1$ **比** $\hat{\boldsymbol{\theta}}_2$ **有效**.

例 7.6　在例 7.5 中, 参数 μ 的三个无偏估计量 $\hat{\mu}_1, \hat{\mu}_2, \hat{\mu}_3$ 哪一个更有效?

解　设总体 X 的方差 $\mathrm{Var}(X) = \sigma^2$, 则有

$$\mathrm{Var}(\hat{\mu}_1) = \frac{1}{9}[\mathrm{Var}(x_1) + \mathrm{Var}(x_2) + \mathrm{Var}(x_3)] = \frac{1}{9}(\sigma^2 + \sigma^2 + \sigma^2) = \frac{1}{3}\sigma^2;$$

$$\mathrm{Var}(\hat{\mu}_2) = \frac{1}{4}\mathrm{Var}(x_1) + \frac{1}{36}\mathrm{Var}(x_2) + \frac{1}{9}\mathrm{Var}(x_3) = \frac{1}{4}\sigma^2 + \frac{1}{36}\sigma^2 + \frac{1}{9}\sigma^2 = \frac{7}{18}\sigma^2;$$

$$\mathrm{Var}(\hat{\mu}_3) = \frac{1}{25}\mathrm{Var}(x_1) + \frac{9}{100}\mathrm{Var}(x_2) + \frac{1}{4}\mathrm{Var}(x_3) = \frac{1}{25}\sigma^2 + \frac{9}{100}\sigma^2 + \frac{1}{4}\sigma^2 = \frac{19}{50}\sigma^2.$$

由于 $\mathrm{Var}(\hat{\mu}_1) < \mathrm{Var}(\hat{\mu}_3) < \mathrm{Var}(\hat{\mu}_2)$. 所以 $\hat{\mu}_1$ 最有效.

7.2.3　相合性

在参数估计中, 很容易想到, 如果样本容量越大, 样本所含的总体分布的信息应该越多, 换一句话说就是样本容量越大就越能精确地估计总体的未知参数, 随着样本容量的无限增大, 一个好的估计量与被估计参数的真值之间任意接近的可能性会越来越大. 估计量的这种性质称为相合性.

定义 7.4　设 $\hat{\theta}$ 是未知参数 θ 的估计量, 若对于任给的 $\varepsilon > 0$, 有

$$\lim_{n \to +\infty} p(|\hat{\theta} - \theta| < \varepsilon) = 1,$$

则称 $\hat{\theta}$ 是 θ 的**相合估计量**(或**一致估计量**).

例 7.7　设 $x_1, x_2, \cdots, x_n$ 是来自总体 X 的一个样本, 总体 X 的均值 μ, 方差 σ^2. 证明: 样本均值 $\bar{x} = \dfrac{1}{n}\sum\limits_{i=1}^{n} x_i$ 是总体均值 μ 的相合估计量.

证明　由于 $x_1, x_2, \cdots, x_n$ 是来自总体 X 的一个样本, 从而

$$E(x_i) = \mu, \quad \mathrm{Var}(x_i) = \sigma^2, \quad i = 1, 2, \cdots, n.$$

由切比雪夫大数定理知, 对于任意给定的 $\varepsilon > 0$, 有

$$\lim_{n \to +\infty} p\left(\left|\frac{1}{n}\sum_{i=1}^{n} x_i - \frac{1}{n}\sum_{i=1}^{n} E(x_i)\right| < \varepsilon\right) = 1.$$

再根据 $\dfrac{1}{n}\sum\limits_{i=1}^{n} E(x_i) = \mu$ 得

$$\lim_{n \to +\infty} p(|\bar{x} - \mu| < \varepsilon) = 1.$$

所以 $\bar{x}$ 是 μ 的相合估计量.

*7.3 区间估计

在点估计中, 我们求得的估计值 $\hat{\theta}$ 是 θ 的一个近似, 但到底其近似程度有多大? 即它的精确度是多少? 并没有从估计量 $\hat{\theta}$ 本身反映出来, 而区间估计正好弥补了点估计的这个弱点. 所谓参数的区间估计, 本质上就是寻找两个统计量 $\hat{\theta}_1, \hat{\theta}_2(\hat{\theta}_1 < \hat{\theta}_2)$, 使得未知参数 θ 以指定的概率包含在此区间内.

7.3.1 置信区间的概念

定义 7.5 设总体 X 的分布中含有未知参数 θ, $x_1, x_2, \cdots, x_n$ 是来自该总体的一个样本, 对于给定的 $\alpha(0 < \alpha < 1)$, 若有两个统计量 $\hat{\theta}_1(x_1, x_2, \cdots, x_n)$ 和 $\hat{\theta}_2(x_1, x_2, \cdots, x_n)$ 满足

$$p(\hat{\theta}_1 \leqslant \theta \leqslant \hat{\theta}_2) = 1 - \alpha,$$

则称随机区间 $[\hat{\theta}_1, \hat{\theta}_2]$ 为 θ 的**置信水平为 $1 - \alpha$ 置信区间**, $\hat{\theta}_1$ 和 $\hat{\theta}_2$ 分别称为 θ 的**置信下限和置信上限**.

7.3.2 置信区间的求法

寻找一个未知参数的置信区间的步骤如下:

(1) 构造一个样本的函数 $G = G(x_1, x_2, \cdots, x_n; \theta)$, 使得 G 除 θ 外不再含有其他未知参数, 且分布已知;

(2) 对于给定的置信水平 $1 - \alpha$, 确定两个常数 a, b 使得

$$p(a \leqslant G \leqslant b) = 1 - \alpha.$$

一般情况下, 常取 a, b 满足

$$p(G < a) = p(G > b) = \frac{\alpha}{2},$$

即取 a 是为 G 的分布的 $\frac{\alpha}{2}$ 分位数, b 是 G 的分布的 $1 - \frac{\alpha}{2}$ 分位数;

(3) 将不等式 $a \leqslant G \leqslant b$ 作等价变形, 使其变为 $\hat{\theta}_1 \leqslant \theta \leqslant \hat{\theta}_2$, 则有

$$p(\hat{\theta}_1 \leqslant \theta \leqslant \hat{\theta}_2) = 1 - \alpha,$$

这样得到的区间 $[\hat{\theta}_1, \hat{\theta}_2]$ 就是 θ 的一个置信水平为 $1 - \alpha$ 置信区间.

7.3.3 单正态总体的置信区间

设总体 $X \sim N(\mu, \sigma^2)$, $x_1, x_2, \cdots, x_n$ 是来自总体 X 的样本.

1. σ^2 已知时 μ 的置信区间

由 $\bar{x}\sim N\left(\mu,\dfrac{\sigma^2}{n}\right)$ 知 $U=\dfrac{\bar{x}-\mu}{\sigma/\sqrt{n}}\sim N(0,1)$, 再由标准正态分布关于 y 轴对称可得

$$p\left(-u_{1-\frac{\alpha}{2}}\leqslant\frac{\bar{x}-\mu}{\sigma/\sqrt{n}}\leqslant u_{1-\frac{\alpha}{2}}\right)=1-\alpha,$$

其中 $u_{1-\frac{\alpha}{2}}$ 为标准正态分布的 $1-\dfrac{\alpha}{2}$ 分位数, 经过变形得

$$p\left(\bar{x}-u_{1-\frac{\alpha}{2}}\frac{\sigma}{\sqrt{n}}\leqslant\mu\leqslant\bar{x}+u_{1-\frac{\alpha}{2}}\frac{\sigma}{\sqrt{n}}\right)=1-\alpha.$$

于是, μ 的置信水平为 $1-\alpha$ 的置信区间为

$$\left[\bar{x}-u_{1-\frac{\alpha}{2}}\frac{\sigma}{\sqrt{n}},\bar{x}+u_{1-\frac{\alpha}{2}}\frac{\sigma}{\sqrt{n}}\right].$$

例 7.8　现随机地从一批长度服从正态分布 $N(\mu,0.2^2)$ 的零件中抽取 9 个, 分别测得其长度 (单位: cm) 如下:

14.0　14.2　13.8　13.6　14.1　14.0　13.9　13.7　13.5

试求总体均值 μ 的置信水平为 0.95 的置信区间?

解　已知 $\sigma=0.2,n=9,1-\alpha=0.95$, 查附表得 $u_{0.975}=1.96$; 由已知数据经计算可得 $\bar{x}=13.87$, 从而 μ 的置信水平为 0.95 的置信区间为

$$\left[13.87-\frac{0.2}{\sqrt{9}}\times1.96,13.87+\frac{0.2}{\sqrt{9}}\times1.96\right]=[13.74,14.00].$$

2. σ^2 未知时 μ 的置信区间

由于 $t=\dfrac{\bar{x}-\mu}{s/\sqrt{n}}\sim t(n-1)$, 再由 t 分布关于 y 轴对称得

$$p\left(-t_{1-\frac{\alpha}{2}}(n-1)\leqslant\frac{\bar{x}-\mu}{s/\sqrt{n}}\leqslant t_{1-\frac{\alpha}{2}}(n-1)\right)=1-\alpha,$$

其中 $t_{1-\frac{\alpha}{2}}(n-1)$ 为自由度为 $n-1$ 的 t 分布的 $1-\dfrac{\alpha}{2}$ 分位数, 经过变形得

$$p\left(\bar{x}-t_{1-\frac{\alpha}{2}}(n-1)\frac{s}{\sqrt{n}}\leqslant\mu\leqslant\bar{x}+t_{1-\frac{\alpha}{2}}(n-1)\frac{s}{\sqrt{n}}\right)=1-\alpha.$$

于是, μ 的置信水平为 $1-\alpha$ 的置信区间为

$$\left[\bar{x}-t_{1-\frac{\alpha}{2}}(n-1)\frac{s}{\sqrt{n}},\bar{x}+t_{1-\frac{\alpha}{2}}(n-1)\frac{s}{\sqrt{n}}\right].$$

例 7.9 设总体 $X \sim N(\mu, \sigma^2)$, 但 σ^2 未知, 现从总体 X 中抽样得到样本观测值如下:

12.08 12.09 12.19 12.10 12.07 12.09

12.12 12.24 12.02 12.20 12.25 12.05

求总体均值 μ 的置信水平为 0.99 的置信区间?

解 已知 $n = 12, 1-\alpha = 0.99$, 即 $\alpha = 0.01$, 查附表得 $t_{0.995}(11) = 3.11$, 由已知数据经计算可得 $\bar{x} = 12.13, s = 0.08$, 从而 μ 的置信水平为 0.95 的置信区间为

$$\left[12.13 - \frac{0.08}{\sqrt{12}} \times 3.11, 12.13 + \frac{0.08}{\sqrt{12}} \times 3.11\right] = [12.06, 12.20].$$

3. μ 未知时 σ^2 的置信区间

由 $\chi^2 = \dfrac{(n-1)s^2}{\sigma^2} \sim \chi^2(n-1)$ 可得

$$p\left(\chi^2_{\frac{\alpha}{2}}(n-1) \leqslant \frac{(n-1)s^2}{\sigma^2} \leqslant \chi^2_{1-\frac{\alpha}{2}}(n-1)\right) = 1-\alpha.$$

经过变形得

$$p\left(\frac{(n-1)s^2}{\chi^2_{1-\frac{\alpha}{2}}(n-1)} \leqslant \sigma^2 \leqslant \frac{(n-1)s^2}{\chi^2_{\frac{\alpha}{2}}(n-1)}\right) = 1-\alpha.$$

于是, μ 的置信水平为 $1-\alpha$ 的置信区间为

$$\left[\frac{(n-1)s^2}{\chi^2_{1-\frac{\alpha}{2}}(n-1)}, \frac{(n-1)s^2}{\chi^2_{\frac{\alpha}{2}}(n-1)}\right].$$

例 7.10 从某车间生产的滚珠中抽取 10 个, 测得直径 (单位: mm) 如下:

13.8 13.7 14.1 14.2 13.6 13.8 14.2 14.5 14.3 13.9

设滚珠直径服从正态分布 $N(\mu, \sigma^2)$, 求未知参数 σ^2 的置信水平为 0.95 的置信区间?

解 已知 $\alpha = 0.05$, 查附表得 $\chi^2_{0.025}(9) = 2.7, \chi^2_{0.975}(9) = 19.023$, 由已知数据经计算可得 $\bar{x} = 14.01, (n-1)s^2 = 0.769$, 从而 σ^2 的 0.95 的置信区间为

$$\left[\frac{0.769}{19.023}, \frac{0.769}{2.7}\right] = [0.04, 0.285].$$

7.3.4　两个正态总体均值差与方差比的置信区间

设总体 $X \sim N(\mu_1,\sigma_1^2), Y \sim N(\mu_2,\sigma_2^2)$, $x_1,x_2,\cdots,x_m$ 是来自总体 X 的样本, $y_1,y_2,\cdots,y_n$ 是来自总体 Y 的样本, 且两个样本相互独立.$\bar{x}$ 与 $\bar{y}$ 分别是它们的样本平均值, $s_x^2=\dfrac{1}{m-1}\sum\limits_{i=1}^{m}(x_i-\bar{x})^2$ 和 $s_y^2=\dfrac{1}{n-1}\sum\limits_{j=1}^{n}(y_i-\bar{y})^2$ 分别是它们的样本方差.

1. σ_1^2,σ_2^2 **已知时** $\mu_1-\mu_2$ **的置信区间**

由 $\bar{x}-\bar{y}\sim N\left(\mu_1-\mu_2,\dfrac{\sigma_1^2}{m}+\dfrac{\sigma_2^2}{n}\right)$ 知 $U=\dfrac{\bar{x}-\bar{y}-(\mu_1-\mu_2)}{\sqrt{\dfrac{\sigma_1^2}{m}+\dfrac{\sigma_2^2}{n}}}\sim N(0,1)$.

用类似于前面的方法可得 $\mu_1-\mu_2$ 的置信水平为 $1-\alpha$ 的置信区间为

$$\left[\bar{x}-\bar{y}-u_{1-\frac{\alpha}{2}}\sqrt{\frac{\sigma_1^2}{m}+\frac{\sigma_2^2}{n}},\bar{x}-\bar{y}+u_{1-\frac{\alpha}{2}}\sqrt{\frac{\sigma_1^2}{m}+\frac{\sigma_2^2}{n}}\right].$$

2. $\sigma_1^2=\sigma_2^2=\sigma^2$ **未知时** $\mu_1-\mu_2$ **的置信区间**

由于 $\dfrac{(\bar{x}-\bar{y})-(\mu_1-\mu_2)}{\sigma\sqrt{\dfrac{1}{m}+\dfrac{1}{n}}}\sim N(0,1)$, $\dfrac{(m-1)s_x^2}{\sigma^2}+\dfrac{(n-1)s_y^2}{\sigma^2}\sim \chi^2(m+n-2)$, 且 $\bar{x},\bar{y},s_x^2,s_y^2$ 相互独立, 从而

$$t=\frac{(\bar{x}-\bar{y})-(\mu_1-\mu_2)}{s_w\sqrt{\dfrac{1}{m}+\dfrac{1}{n}}}\sim t(m+n-2),$$

其中 $s_w^2=\dfrac{(m-1)s_x^2+(n-1)s_y^2}{m+n-2}$, 用类似于前面的方法可得 $\mu_1-\mu_2$ 的置信水平为 $1-\alpha$ 的置信区间为

$$\left[\bar{x}-\bar{y}-\sqrt{\frac{m+n}{mn}}s_w t_{1-\frac{\alpha}{2}}(m+n-2),\bar{x}-\bar{y}+\sqrt{\frac{m+n}{mn}}s_w t_{1-\frac{\alpha}{2}}(m+n-2)\right].$$

例 7.11　设总体 $X\sim N(\mu_1,3^2), Y\sim N(\mu_2,4^2)$, 其中 μ_1, μ_2 未知, 现分别独立地从这两个总体抽取容量为 14 和 18 的样本, 样本均值分别为 13.8 和 14.3, 求这两个总体均值差 $\mu_1-\mu_2$ 的置信水平为 0.95 的置信区间?

解　已知 $m=14,\bar{x}=13.8,\sigma_1^2=9,n=18,\bar{y}=14.3,\sigma_2^2=16,\alpha=0.05$, 查附表得 $u_{0.975}=1.96$, 从而 $\mu_1-\mu_2$ 的置信水平为 0.95 的置信区间为

$$\left[13.8-14.3-1.96\times\sqrt{\frac{9}{14}+\frac{16}{18}},13.8-14.3+1.96\times\sqrt{\frac{9}{14}+\frac{16}{18}}\right]=[-2.926,1.926].$$

3. μ_1, μ_2 **未知时** σ_1^2/σ_2^2 **的置信区间**

由于 $\dfrac{(m-1)s_x^2}{\sigma_1^2} \sim \chi^2(m-1), \dfrac{(n-1)s_y^2}{\sigma_2^2} \sim \chi^2(n-1)$, 且 s_x^2, s_y^2 相互独立知

$$\frac{\dfrac{(m-1)s_x^2}{\sigma_1^2} \Big/ (m-1)}{\dfrac{(n-1)s_y^2}{\sigma_2^2} \Big/ (n-1)} = \frac{s_x^2/\sigma_1^2}{s_y^2/\sigma_2^2} \sim F(m-1, n-1).$$

用类似于前面的方法可得 σ_1^2/σ_2^2 的置信水平为 $1-\alpha$ 的置信区间为

$$\left[\frac{s_x^2}{s_y^2} \cdot \frac{1}{F_{1-\frac{\alpha}{2}}(m-1, n-1)}, \frac{s_x^2}{s_y^2} \cdot \frac{1}{F_{\frac{\alpha}{2}}(m-1, n-1)}\right],$$

其中 $F_{\frac{\alpha}{2}}(m-1, n-1)$ 和 $F_{1-\frac{\alpha}{2}}(m-1, n-1)$ 分别是自由度为 $m-1$ 与 $n-1$ 的 F 分布的 $\dfrac{\alpha}{2}$ 和 $1-\dfrac{\alpha}{2}$ 分位数.

例 7.12 某车间有两台自动机床加工一类套筒, 假设套筒直径服从正态分布. 现从甲乙两台自动机床加工的产品中分别抽检了 6 个和 7 个套筒, 计算出样本方差分别为 $s_{甲}^2 = 0.00045, s_{乙}^2 = 0.00086$. 试求两班加工套筒直径的方差比 σ_1^2/σ_2^2 的置信水平为 0.9 的置信区间?

解 已知 $m = 6, n = 7, s_{甲}^2 = 0.00045, s_{乙}^2 = 0.00086$, 由 $\alpha = 0.1$ 查附表得 $F_{0.95}(5,6) = 4.39, F_{0.05}(5,6) = \dfrac{1}{F_{0.95}(6,5)} = \dfrac{1}{4.95}$, 从而 σ_1^2/σ_2^2 的置信水平为 0.9 的置信区间为

$$\left[\frac{0.00045}{0.00086} \times \frac{1}{4.39}, \frac{0.00045}{0.00086} \times 4.95\right] = [0.119, 2.59].$$

习　题　7

A 组

1. 设总体 X 的分布列为

$$p(X=k) = \frac{1}{N} \quad (k = 1, 2, \cdots, N),$$

其中 N 为未知参数, 试求 N 的矩估计量?

2. 设总体 X 具有下列分布列, 试分别求所给分布中未知参数的矩估计量和最大似然估计量.

(1) $p(X=k) = p^k(1-p)^{1-k}(k = 0, 1$, 且 $0 < p < 1)$;

(2) $p(X=k) = p(1-p)^{k-1}(k = 1, 2, \cdots$, 且 $0 < p < 1)$?

3. 设 $x_1, x_2, \cdots, x_n$ 为取自正态总体 $X \sim N(\mu, \sigma^2)$ 的样本. 求参数 μ, σ^2 的最大似然估计?

4. 设总体 X 的密度函数如下, 试分别求所给分布中未知参数的矩估计量和最大似然估计量.

(1) $f(x;\theta) = \begin{cases} \theta x^{\theta-1}, & 0 < x < 1, \\ 0, & \text{其他}, \end{cases} \quad \theta > 0;$

(2) $f(x;\lambda) = \begin{cases} \lambda \mathrm{e}^{-\lambda x}, & x > 0, \\ 0, & x \leqslant 0, \end{cases} \quad \lambda > 0.$

5. 设总体 $X \sim U(\theta, 2\theta)(\theta > 0)$, $x_1, x_2, \cdots, x_n$ 为取自该总体的样本, 试证明 $\hat{\theta} = \dfrac{2}{3}\bar{x}$ 是参数 θ 的无偏估计和相合估计.

6. 设 x_1, x_2, x_3 是取自总体 X 的样本, 试证下列统计量都是该总体均值 μ 的无偏估计.

(1) $\hat{\mu}_1 = \dfrac{1}{2}x_1 + \dfrac{1}{3}x_2 + \dfrac{1}{6}x_3$;

(2) $\hat{\mu}_2 = \dfrac{1}{3}x_1 + \dfrac{1}{3}x_2 + \dfrac{1}{3}x_3$;

(3) $\hat{\mu}_3 = \dfrac{1}{7}x_1 + \dfrac{2}{7}x_2 + \dfrac{4}{7}x_3$,

并指出哪一个估计最有效?

7. 设 0.50, 1.25, 0.80, 2.00 是来自总体 X 的一个样本观测值, 若 $Y = \ln X \sim N(\mu, 1)$, 求 μ 的置信水平为 0.90 的置信区间?

8. 从某车床加工的零件中抽取 10 个, 测得零件长度 (单位: mm) 如下:

13.05 13.06 13.17 13.10 13.07 13.20 13.12 13.09 13.20 13.14

假设该种零件的长度服从正态分布 $N(\mu, \sigma^2)$, 求总体均值 μ 的置信水平为 0.90 的置信区间?

9. 总体 $X \sim N(\mu, \sigma^2)$, σ^2 已知, 样本容量 n 取多大时才能保证 μ 的置信水平为 0.90 的置信区间的长度不大于 λ?

10. 设总体 $X \sim N(12.9, \sigma^2)$, 从总体 X 中抽取容量 $n = 9$ 的样本, 测得样本观测值如下:

13.0 13.2 12.8 12.6 13.1 13.0 12.9 12.7 12.5

求总体方差 σ^2 及标准差 σ 的置信水平为 0.90 的置信区间?

11. 已知水平锻造机生产的产品的尺寸 $X \sim N(\mu, \sigma^2)$, 从中随机抽取 20 件产品, 得到其尺寸的样本方差 $s^2 = 0.096$, 试求 σ^2 及 σ 的置信水平为 0.95 的置信区间?

12. 设从总体 $X \sim N(\mu_1, \sigma_1^2)$ 和 $Y \sim N(\mu_2, \sigma_2^2)$ 中分别抽取容量为 $n = 12, m = 15$ 的独立样本, 计算得 $\bar{x} = 80, s_x^2 = 55.3, \bar{y} = 78, s_y^2 = 53.2$.

(1) 已知 $\sigma_1^2 = 65, \sigma_2^2 = 48$, 求 $\mu_1 - \mu_2$ 的置信水平为 0.95 的置信区间;

(2) 已知 $\sigma_1^2 = \sigma_2^2$, 求 $\mu_1 - \mu_2$ 的置信水平为 0.95 的置信区间;

(3) 求 σ_1^2/σ_2^2 的置信水平为 0.95 的置信区间?

13. 假设人体身高服从正态分布, 现从甲、乙两个地区各抽取 12 名 17 至 24 岁的男青年, 测量其身高, 得甲地区的样本均值为 1.75m, 样本标准差为 0.3m; 乙地区的样本均值为 1.73m, 样本标准差为 0.25m, 求两正态总体方差比的置信水平为 0.90 的置信区间?

14. 在一批产品中随机检测 90 件, 发现有 6 件不合格, 试求这批产品不合格品率的置信水平为 0.90 的置信区间?

15. 随机选取 10 发炮弹, 测得炮弹的炮口速度的样本标准差 $s = 12$(单位: m/s), 假设炮弹的炮口速度服从正态分布, 求其标准差 σ 的置信水平为 0.95 的单侧置信上限?

16. 设 (θ_1, θ_2) 是参数 θ 的置信度为 $1-\alpha$ 的区间估计, 则以下结论正确的是 ( )

A. 参数 θ 落在区间 (θ_1, θ_2) 之内的概率为 $1-\alpha$;

B. 参数 θ 落在区间 (θ_1, θ_2) 之外的概率为 α;

C. 区间 (θ_1, θ_2) 包含参数 θ 的概率为 $1-\alpha$;

D. 对不同的样板观察值, 区间 (θ_1, θ_2) 的长度相同.

17. 若总体 $X \sim N(\mu, \sigma^2)$, 其中 σ^2 已知, 则总体均值 μ 的置信区间的长度 L 与置信水平 $1-\alpha$ 的关系是 ( )

A. 当 $1-\alpha$ 减小时, L 减小; B. 当 $1-\alpha$ 减小时, L 增加;

C. 当 $1-\alpha$ 减小时, L 不变; D. 以上说法均不正确.

B 组

1. 设总体 X 服从参数为 λ 的指数分布, 试求 $\dfrac{1}{\lambda+1}$ 的最大似然估计量?

2. 设总体 X 的概率密度为

$$f(x;\lambda) = \begin{cases} \lambda\alpha x^{\alpha-1}\mathrm{e}^{-\lambda x^\alpha}, & x > 0, \\ 0, & x \leqslant 0, \end{cases}$$

其中 $\lambda > 0$ 是未知参数, $\alpha > 0$ 是已知常数, 试根据来自总体 X 的样本 $x_1, x_2, \cdots, x_n$, 求 λ 的最大似然估计量?

3. 设 $x_1, x_2, \cdots, x_n$ 是取自总体 X 的样本, 试证明: 样本标准差 s 不是总体标准差 σ 的无偏估计量.

4. 设总体 X 的分布列为

X	0	1	2	3
p	θ^2	$2\theta(1-\theta)$	θ^2	$1-2\theta$

其中 $0 < \theta < \dfrac{1}{2}$, 利用总体 X 的如下样本值

3 1 3 0 3 1 2 3

求 θ 的矩估计值和最大似然估计值?

5. 设总体 X 的期望为 μ, 方差为 σ^2, 分别抽取容量为 n_1, n_2 的两个独立样本, $\bar{x}, \bar{y}$ 为两个样本的均值, 试证: 若 a, b 是满足 $a+b=1$ 的常数, 则 $Y = a\bar{x} + b\bar{y}$ 是 μ 的无偏估计量, 并确定 a, b 使 $\mathrm{Var}(Y)$ 最小.

6. 商店销售的某种商品来自甲、乙两个厂家, 为考察商品性能的差异, 现从甲、乙两厂生产的产品中分别抽取了 8 件和 9 件产品, 检测其性能指标得 $\bar{x} = 0.190, s_x^2 = 0.006, \bar{y} = 0.238, s_y^2 = 0.008$, 假设测定结果服从正态分布 $N(\mu_i, \sigma_i^2)(i = 1, 2)$. 求 σ_1^2/σ_2^2 和 $\mu_1 - \mu_2$ 的 0.90 置信区间, 并对所得结果加以说明?

第 8 章 假 设 检 验

8.1 假设检验的基本思想

8.1.1 假设检验的基本概念

总体 X 的统计规律可由其分布函数全面刻画, 但在很多实际问题中, 分布函数所含的参数通常是未知的, 有时甚至分布函数的类型也是未知的. 为此, 需要对未知参数做出假设或对总体分布做出假设, 然后从总体中抽取样本, 利用样本观测值对总体的某种假设进行检验, 称这种检验为**假设检验**.

在统计学中, 通常将需要去检验是否为真的假设称为**原假设**, 记 H_0, 与此同时, 会提供一个原假设不成立时供选择的假设, 称为**备择假设**, 记为 H_1.

若原假设是关于总体参数的, 则称为**参数假设**; 检验参数假设的问题称为**参数检验**. 若原假设是关于总体分布类型或它的某些特征的, 则称为**非参数假设**; 检验非参数假设的问题称为**非参数检验**.

8.1.2 假设检验的基本步骤

在假设检验中, 利用样本对原假设进行判断是通过一个统计量来完成的, 该统计量称为**检验统计量**, 要求在 H_0 为真时, 它的分布是已知的.

假设检验的依据是小概率事件原理: 小概率事件在一次实验中是几乎不可能发生的. 这就引出了一个问题, 多小的概率才算小概率? 这要根据实际问题的不同需要来决定, 通常将小概率记为 α, 一般取 $\alpha = 0.01, 0.05, 0.1$ 等. 若小概率事件发生的概率不超过 α, 则称 α 为**检验的显著性水平**.

假设检验的基本步骤如下:

(1) 根据问题要求合理地提出原假设 H_0 和备择假设 H_1;

(2) 选择合理的检验统计量;

(3) 给定检验的显著性水平 α, 根据假设确定一个合理的拒绝域 W;

(4) 由样本观测值, 计算出检验统计量的值;

(5) 做出判断: 若检验统计量的值落在拒绝域 W 内, 则拒绝 H_0, 否则接受 H_0.

8.1.3 假设检验的两类错误

依据小概率事件原理进行假设检验, 不可避免地会犯以下两类错误.

(1) 当原假设 H_0 为真时, 由于检验统计量的值落入了拒绝域, 从而拒绝了 H_0, 这种错误称为**拒真错误**或**第一类错误**, 其发生的概率称为**拒真概率**或**犯第一类错误的概率**, 也就是检验的显著性水平 α, 即

$$p(\text{拒绝}H_0 \,|\, H_0\text{为真}) = \alpha;$$

(2) 当原假设 H_0 不真时, 由于检验统计量的值未落入拒绝域, 从而接受了 H_0, 这种错误称为**受伪错误**或**第二类错误**, 其发生的概率称为**受伪概率**或**犯第二类错误的概率**, 记为 β, 即

$$p(\text{接受}H_0 \,|\, H_0\text{不真}) = \beta.$$

在实际问题中, 人们自然希望犯两类错误的概率 α 与 β 都尽可能的小. 但进一步的讨论可知, 当样本容量固定时, α 与 β 中一个减小必导致另一个增大. 这时, 通常是根据实际问题来选择是控制犯第一类错误的概率 α 还是控制犯第二类错误的概率 β.

8.2 正态总体参数的假设检验

设总体 $X \sim N(\mu, \sigma^2)$, $x_1, x_2, \cdots, x_n$ 为取自 X 的一个样本.

8.2.1 单正态总体参数的假设检验

1. σ^2 已知时关于 μ 的检验

此时, 原假设和备择假设可提为

$$H_0: \mu = \mu_0 \quad vs \quad H_1: \mu \neq \mu_0$$

检验统计量选为

$$U = \frac{\bar{x} - \mu_0}{\sigma / \sqrt{n}}.$$

当 H_0 成立时, $U \sim N(0,1)$, 进而对于给定的显著性水平 α, 有 $p\left(|U| \geqslant u_{1-\frac{\alpha}{2}}\right) = \alpha$, 于是拒绝域为

$$W = \left\{U \,\middle|\, |U| \geqslant u_{1-\frac{\alpha}{2}}\right\}.$$

由样本观测值计算出检验统计量的值 U, 若 $U \in W$, 则拒绝 H_0; 否则接受 H_0. 这种检验法称为 ***U* 检验法**.

例 8.1 某车间用自动包装机包装洗衣粉, 规定每袋的质量为 500(单位: g), 现在随机抽取 10 袋, 测得各袋洗衣粉的质量为

$$495 \quad 510 \quad 503 \quad 505 \quad 498 \quad 502 \quad 492 \quad 506 \quad 497 \quad 505$$

设每袋洗衣粉的质量服从正态分布 $N(\mu, 5^2)$, 问包装机工作是否正常 ($\alpha = 0.05$)?

解 若包装机正常工作, 则总体均值 $\mu = 500$, 因此, 提出假设如下

$$H_0 : \mu = 500 \quad vs \quad H_1 : \mu \neq 500$$

由 $\alpha = 0.05$, 查附表得 $u_{0.975} = 1.96$, 于是拒绝域为

$$W = \{U \| U| \geqslant 1.96\}.$$

根据样本观测值求得

$$\bar{x} = 501.3.$$

于是, 检验统计量 U 的值

$$U = \frac{501.3 - 500}{5/\sqrt{10}} = 0.822.$$

由于 $|U| < 1.96$, 所以在显著性水平 $\alpha = 0.05$ 下接受原假设 H_0, 即认为包装机工作正常.

2. σ^2 未知时关于 μ 的检验

此时, 原假设和备择假设可提为

$$H_0 : \mu = \mu_0 \quad vs \quad H_1 : \mu \neq \mu_0$$

检验统计量选为

$$t = \frac{\bar{x} - \mu_0}{s/\sqrt{n}}.$$

当 H_0 成立时, $t \sim t(n-1)$, 进而对于给定的显著性水平 α, 有 $p\Big(|t| \geqslant t_{1-\frac{\alpha}{2}}(n-1)\Big) = \alpha$, 于是拒绝域为

$$W = \left\{ t \,\Big|\, |t| \geqslant t_{1-\frac{\alpha}{2}}(n-1) \right\}.$$

由样本观测值计算出检验统计量的值 t, 若 $t \in W$, 则拒绝 H_0; 否则接受 H_0. 这种检验法称为 ***t* 检验法**.

例 8.2 用某仪器间接测量一建筑物的高度, 重复 6 次, 得到如下观测数据 (单位: m)

$$53 \quad 54 \quad 52 \quad 49 \quad 48 \quad 55$$

而用别的精确办法测得的高度是 50m, 假设所得数据服从正态分布. 试问用此仪器间接测量高度有无系统偏差 ($\alpha = 0.05$)?

解 设 X 表示由这台仪器测得的数据, 则有 $X \sim N(\mu, \sigma^2)$, 若用此仪器间接测量高度无系统偏差, 则总体均值 μ 应为 50, 因此, 提出假设如下:

$$H_0: \mu = 50 \quad vs \quad H_1: \mu \neq 50$$

由 $\alpha = 0.05$, 查附表得 $t_{0.975}(5) = 2.571$, 于是拒绝域为

$$W = \{t||t| \geqslant 2.571\}.$$

根据样本观测值求得

$$\bar{x} = 51.83, \quad s^2 = 8.17.$$

于是, 检验统计量 t 的值

$$t = \frac{51.83 - 50}{\sqrt{8.17}/\sqrt{6}} = 1.57.$$

由于 $|t| < 2.571$, 所以, 在显著性水平 $\alpha = 0.05$ 下接受原假设 H_0, 即认为用此仪器间接测量建筑物的高度无系统偏差.

3. μ 未知时关于 σ^2 的检验

此时, 原假设和备择假设可提为

$$H_0: \sigma^2 = \sigma_0^2 \quad vs \quad H_1: \sigma^2 \neq \sigma_0^2$$

检验统计量选为

$$\chi^2 = \frac{1}{\sigma_0^2}\sum_{i=1}^{n}(x_i - \bar{x})^2 = \frac{(n-1)s^2}{\sigma_0^2}.$$

当 H_0 成立时, $\chi^2 \sim \chi^2(n-1)$, 进而对于给定的显著性水平 α, 有 $p\left(\chi^2_{\frac{\alpha}{2}}(n-1) < \chi^2 < \chi^2_{1-\frac{\alpha}{2}}(n-1)\right) = 1 - \alpha$, 故拒绝域为

$$W = \left\{\chi^2 \middle| \chi^2 \leqslant \chi^2_{\frac{\alpha}{2}}(n-1)\right\} \cup \left\{\chi^2 \middle| \chi^2 \geqslant \chi^2_{1-\frac{\alpha}{2}}(n-1)\right\}.$$

由样本观测值计算出检验统计量的值 χ^2, 若 $\chi^2 \in W$, 则拒绝 H_0; 否则接受 H_0.

例 8.3 从某厂生产的电池中随机抽取了 26 只测试其使用寿命, 计算得 $s^2 = 7200$(单位: h), 若该厂生产的电池的使用寿命服从正态分布, 则该批电池使用寿命的方差与规定的方差 $\sigma^2 = 5000$ 有无显著差别 $(\alpha = 0.02)$?

解　若该批电池使用寿命的方差与规定的方差无显著差别, 则 $\sigma^2 = 5000$, 因此, 提出假设如下

$$H_0 : \sigma^2 = 5000 \quad vs \quad H_1 : \sigma^2 \neq 5000$$

由 $\alpha = 0.02$, 查附表得 $\chi^2_{0.01}(25) = 11.524$, $\chi^2_{0.99}(25) = 44.314$, 于是拒绝域为

$$W = \{\chi^2 | \chi^2 \leqslant 11.524\} \cup \{\chi^2 | \chi^2 \geqslant 44.314\}.$$

根据样本观测值算得检验统计量 χ^2 的值

$$\chi^2 = \frac{25 \times 7200}{5000} = 36.$$

由于 $\chi^2 \notin W$, 所以在显著性水平 $\alpha = 0.02$ 下接受原假设 H_0, 即认为该批电池使用寿命的方差与规定的方差无显著差别.

8.2.2　两个正态总体参数的假设检验

1. σ_1^2, σ_2^2 已知时关于 $\mu_1 - \mu_2$ 的检验

此时, 原假设和备择假设可提为

$$H_0 : \mu_1 = \mu_2 \quad vs \quad H_1 : \mu_1 \neq \mu_2$$

检验统计量选为

$$U = \frac{\bar{x} - \bar{y} - (\mu_1 - \mu_2)}{\sqrt{\dfrac{\sigma_1^2}{m} + \dfrac{\sigma_2^2}{n}}}.$$

当 H_0 成立时, $U \sim N(0,1)$, 进而对于给定的显著性水平 α, 有 $p\left(|U| \geqslant u_{1-\frac{\alpha}{2}}\right) = \alpha$, 于是拒绝域为

$$W = \left\{U \big| |U| \geqslant u_{1-\frac{\alpha}{2}}\right\}.$$

由样本观测值计算出检验统计量的值 U, 若 $U \in W$, 则拒绝 H_0; 否则接受 H_0.

例 8.4　某工厂用两台机床生产某种产品, 第一台机床生产的产品抗断裂强度 $X \sim N(\mu_1, 5^2)$, 第二台机床生产的产品抗断裂强度 $Y \sim N(\mu_2, 7^2)$(单位: kg). 现从第一台机床生产的产品中随机抽取 10 件, 测得 $\bar{x} = 35$, 从第二台机床生产的产品中随机抽取 14 件, 测得 $\bar{y} = 38$. 问两台机床生产的产品的平均抗断裂强度是否有显著差异 $(\alpha = 0.05)$?

解　若两台机床生产的产品的平均抗断裂强度无显著差异, 则 $\mu_1 = \mu_2$, 因此, 提出假设如下

$$H_0 : \mu_1 = \mu_2 \quad vs \quad H_1 : \mu_1 \neq \mu_2$$

由 $\alpha = 0.05$, 查附表得 $u_{0.975} = 1.96$, 于是拒绝域为

$$W = \{U \| U| \geqslant 1.96\}.$$

根据样本观测值求得检验统计量 U 的值

$$U = (35 - 38) \Big/ \sqrt{\frac{5^2}{10} + \frac{7^2}{14}} = -1.225.$$

由于 $|U| < 1.96$, 所以在显著性水平 $\alpha = 0.05$ 下接受原假设 H_0, 即认为两台机床生产的产品平均抗断裂强度无显著差异.

2. $\sigma_1^2 = \sigma_2^2 = \sigma^2$ **未知时关于** $\mu_1 - \mu_2$ **的检验**

此时, 原假设和备择假设可提为

$$H_0 : \mu_1 = \mu_2 \quad vs \quad H_1 : \mu_1 \neq \mu_2$$

检验统计量选为

$$t = \frac{(\bar{x} - \bar{y}) - (\mu_1 - \mu_2)}{s_w \sqrt{\dfrac{1}{m} + \dfrac{1}{n}}},$$

其中$s_w^2 = \dfrac{(m-1)s_x^2 + (n-1)s_y^2}{m+n-2}$, 当 H_0 成立时, $t \sim t(m+n-2)$, 进而对于给定的显著性水平 α, 有 $p\left(|t| \geqslant t_{1-\frac{\alpha}{2}}(m+n-2)\right) = \alpha$, 故拒绝域为

$$W = \left\{ t \,\Big|\, |t| \geqslant t_{1-\frac{\alpha}{2}}(m+n-2) \right\}.$$

由样本观测值计算出检验统计量的值 t, 若 $t \in W$, 则拒绝 H_0; 否则接受 H_0.

例 8.5 对两批同类电子元件的电阻进行测试, 各抽取 8 件, 测得结果如下.

批号	测试数据							
1	0.121	0.123	0.118	0.119	0.124	0.125	0.123	0.117
2	0.127	0.130	0.132	0.128	0.129	0.134	0.125	0.128

假设两批电子元件的电阻服从同方差的正态分布, 问这两批电子元件的电阻的均值是否有显著差异 ($\alpha = 0.05$)?

解 若这两批电子元件的电阻的均值无显著差异, 则 $\mu_1 = \mu_2$, 因此, 提出假设如下

$$H_0 : \mu_1 = \mu_2 \quad vs \quad H_1 : \mu_1 \neq \mu_2$$

由 $\alpha = 0.05$, 查附表得 $t_{0.975}(14) = 2.1448$, 于是拒绝域为

$$W = \{t \| t| \geqslant 2.1448\}.$$

根据样本观测值求得

$$\bar{x}=0.121,\quad \bar{y}=0.129,\quad s_x^2=0.0000088,\quad s_y^2=0.0000081,\quad s_w=0.0029154.$$

于是, 检验统计量 t 的值

$$t=\frac{0.121-0.129}{0.0029154\times\sqrt{\dfrac{1}{8}+\dfrac{1}{8}}}=-5.4907.$$

由于 $|t|\geqslant 2.1448$, 所以在显著性水平 $\alpha=0.05$ 下拒绝原假设 H_0, 即认为两批电子元件电阻的均值具有显著性差异.

3. μ_1,μ_2 未知时关于方差比的检验

此时, 原假设和备择假设可提为

$$H_0:\sigma_1^2=\sigma_2^2\quad vs\quad H_1:\sigma_1^2\neq\sigma_2^2$$

检验统计量选为

$$F=\frac{s_x^2/\sigma_1^2}{s_y^2/\sigma_2^2}.$$

当 H_0 成立时, $F\sim F(m-1,n-1)$, 进而对于给定的显著性水平 α, 有

$$p\left(F_{\frac{\alpha}{2}}(m-1,n-1)<F<F_{1-\frac{\alpha}{2}}(m-1,n-1)\right)=1-\alpha,$$

故拒绝域为

$$W=\left\{\chi^2\left|\chi^2\leqslant F_{\frac{\alpha}{2}}(m-1,n-1)\right.\right\}\cup\left\{\chi^2\left|\chi^2\geqslant F_{1-\frac{\alpha}{2}}(m-1,n-1)\right.\right\}.$$

由样本观测值计算出检验统计量的值 F, 若 $F\in W$, 则拒绝 H_0; 否则接受 H_0.

例 8.6　甲、乙两台机床加工某种零件, 总体方差反映了加工精度, 为了比较两台机床的加工精度有无差别, 现从各自加工的零件中分别抽取 7 件和 8 件产品, 测得它们的直径如下 (单位: mm).

机床	测试数据							
甲	16.2	16.4	15.8	15.5	16.7	15.6	15.8	
乙	15.9	16.0	16.4	16.1	16.5	15.8	15.7	15.0

若甲、乙两台机床加工的零件的直径服从正态分布, 试问这两台机床的加工精度有无差别 ($\alpha=0.05$)?

解　若这两台机床的加工精度无差别, 则 $\sigma_1^2=\sigma_2^2$, 因此, 提出假设如下

$$H_0:\sigma_1^2=\sigma_2^2\quad vs\quad H_1:\sigma_1^2\neq\sigma_2^2$$

由 $\alpha=0.05$, 查附表得 $F_{0.025}(6,7)=\dfrac{1}{F_{0.975}(7,6)}=\dfrac{1}{5.70}=0.175$, $F_{0.975}(6,7)=5.12$, 于是拒绝域为

$$W=\{F|F\leqslant 0.175\}\cup\{F|F\geqslant 5.12\}.$$

根据样本观测值求得

$$s_x^2=0.2729,\quad s_y^2=0.2164.$$

于是, 检验统计量 F 的值

$$F=\frac{0.2729}{0.2164}=1.261.$$

由于 $F\notin W$, 所以在显著性水平 $\alpha=0.05$ 下接受原假设 H_0, 即认为这两台机床的加工精度无差别.

*8.3 分布的假设检验

前面讨论的总体分布中未知参数的估计和检验都是在假定总体分布类型已知的前提下进行的, 但在实际应用时, 总体的分布类型往往是未知的, 这时需要根据样本对总体的分布或分布类型提出假设并进行检验. 其一般提法如下.

设总体 X 的分布函数为 $F(x)$, x_1, x_2, $\cdots$,x_n 为取自总体 X 的一个样本, 需检验假设

$$H_0: F(x)=F_0(x).$$

下面介绍一种常用的检验方法——皮尔逊 (Pearson)χ^2 检验法.

首先, 我们将 X 的可能取值范围 R 分成 k 个互不相交的区间

$$A_1=[a_0,a_1),A_2=[a_1,a_2),\cdots,A_k=[a_{k-1},a_k],$$

这些区间的长度不一定相等, 且 a_0 可为 $-\infty$, a_k 可为 $+\infty$.

其次, 统计样本观测值 x_1, x_2, $\cdots$, x_n 中落入 A_i 的频数 n_i.

接下来分情形讨论.

1. 当 $F_0(x)$ 中不含未知参数时

若 H_0 为真, 则有 $p(X\in A_i)=F_0(a_i)-F_0(a_{i-1})=p_i$, 从而得到容量为 n 的样本落入 A_i 的理论频数为 np_i.

在这种情形, 皮尔逊 (K.Pearson) 提出了如下检验统计量

$$\chi^2=\sum_{i=1}^{k}\frac{(n_i-np_i)^2}{np_i},$$

关于这个统计量, 有如下结论.

定理 8.1　当 H_0 为真时, $\chi^2=\sum\limits_{i=1}^{k}\frac{(n_i-np_i)^2}{np_i}$ 近似服从 $\chi^2(k-1)$.

对于给定的显著性水平 α, 查自由度为 $k-1$ 的 χ^2 分布表得到拒绝域

$$W=\{\chi^2|\chi^2\geqslant\chi^2_{1-\alpha}(k-1)\}.$$

若 $\chi^2\in W$, 则拒绝 H_0, 否则接受 H_0.

2. **当 $F_0(x)$ 中含有 r 个未知参数 $\theta_1,\cdots,\theta_r$ 时**

先用 $\theta_1,\cdots,\theta_r$ 的最大似然估计值 $\hat{\theta}_1,\cdots,\hat{\theta}_r$ 代替 $F_0(x)$ 中的 $\theta_1,\cdots,\theta_r$ 得 $F_0(x;\hat{\theta}_1,\cdots,\hat{\theta}_r)$, 令 $\hat{p}_i=F_0(a_i;\hat{\theta}_1,\cdots,\hat{\theta}_r)-F_0(a_{i-1};\hat{\theta}_1,\cdots,\hat{\theta}_r)$, 用 $\hat{p}_i$ 代替统计量

$$\chi^2=\sum_{i=1}^{k}\frac{(n_i-np_i)^2}{np_i}$$

中的 p_i 可得统计量

$$\chi^2=\sum_{i=1}^{k}\frac{(n_i-n\hat{p}_i)^2}{n\hat{p}_i}.$$

这样得到的统计量, 有如下结论.

定理 8.2　当 H_0 为真时, $\chi^2=\sum\limits_{i=1}^{k}\frac{(n_i-n\hat{p}_i)^2}{n\hat{p}_i}$ 近似服从 $\chi^2(k-r-1)$.

对于给定的显著性水平 α, 查自由度为 $k-r-1$ 的 χ^2 分布表得到拒绝域

$$W=\{\chi^2|\chi^2\geqslant\chi^2_{1-\alpha}(k-r-1)\}.$$

若 $\chi^2\in W$, 则拒绝 H_0, 否则接受 H_0.

例 8.7　根据某市公路交通部门某年前 6 个月交通事故记录, 统计得星期一至星期日发生交通事故的次数如下.

星期	一	二	三	四	五	六	日
次数	36	23	29	31	34	60	25

试问交通事故的发生是否与星期几有关 ($\alpha=0.05$)?

解 若交通事故的发生与星期几无关, 则 $p_i = \frac{1}{7}(i = 1, 2, \cdots, 7)$, 因此, 提出假设如下

$$H_0 : p_i = \frac{1}{7} \quad (i = 1, 2, \cdots, 7).$$

由 $\alpha = 0.05$, 查附表得 $\chi^2_{1-\alpha}(6) = 12.59$, 于是拒绝域为

$$W = \{\chi^2 | \chi^2 \geqslant 12.59\}.$$

列表计算如下.

星期	n_i	p_i	np_i	$(n_i - np_i)^2$	$(n_i - np_i)^2/np_i$
一	36	1/7	34	4	0.12
二	23	1/7	34	121	3.56
三	29	1/7	34	25	0.74
四	31	1/7	34	9	0.26
五	34	1/7	34	0	0.00
六	60	1/7	34	676	19.88
日	25	1/7	34	81	2.38
总和	238	1	238	916	26.94

于是, 检验统计量 χ^2 的值

$$\chi^2 = \sum_{i=1}^{k} \frac{(n_i - np_i)^2}{np_i} = 26.94.$$

由于 $\chi^2 \geqslant 12.59$, 所以在显著性水平 $\alpha = 0.05$ 下拒绝原假设 H_0, 即认为交通事故的发生与星期几有关.

习 题 8

A 组

1. 某企业生产铜丝, 而折断力的大小是铜丝的主要质量指标. 从过去的资料来看, 可认为折断力 $X \sim N(570, 8^2)$(1kgf=9.80665N), 现更换了一批原材料, 测得 10 个样品的折断力如下

578 572 570 568 572 570 570 572 596 584

从性能上看, 折断力的方差不会有什么变化, 试问折断力的大小与原先有无差异 ($\alpha = 0.05$)?

2. 某工厂生产的电子元件平均使用寿命 $X \sim N(\mu, \sigma^2)$, 现抽测 15 个元件, 得到 $\bar{x} = 18000$, $s = 5200$(单位: h), 试问该工厂生产的电子元件的平均使用寿命是否为 20000($\alpha = 0.05$)?

3. 用热敏电阻测温仪间接测量地热勘探井底温度, 重复测量 6 次, 测得温度 (℃) 为

111.0 112.4 110.2 111.0 113.5 111.9

假定测量的温度服从正态分布, 且井底温度的真实值为 111.6 ℃, 试问用热敏电阻测温仪间接测温是否准确 ($\alpha = 0.05$)?

4. 设考生在某次考试中的成绩服从正态分布, 从中随机地抽取 36 位考生的成绩, 得到平均成绩为 66.5 分, 标准差为 15 分, 问是否可以认为这次考试全体考生的平均成绩为 70 分 ($\alpha = 0.05$)?

5. 某化肥厂用自动包装机包装化肥, 每包质量服从正态分布 $N(50, \sigma^2)$, 某日开工后, 随机抽取 8 包化肥, 测得质量 (单位: kg) 如下

$$49.2 \quad 49.8 \quad 50.3 \quad 50.8 \quad 49.7 \quad 49.6 \quad 50.5 \quad 50.1$$

问该天包装的化肥质量的方差是否为 $1.3(\alpha = 0.05)$?

6. 设某化纤厂生产的维尼纶的纤度在正常情况下服从方差为 0.05^2 的正态分布, 现随机抽取 6 根, 测得其纤度为

$$1.33 \quad 1.35 \quad 1.54 \quad 1.45 \quad 1.37 \quad 1.53$$

问维尼纶纤度的方差是否正常 ($\alpha = 0.10$)?

7. 生产某种产品可用两种操作方法. 用第一种操作方法生产的产品抗折强度 $X \sim N(\mu_1, 7^2)$; 用第二种操作方法生产的产品抗折强度 $Y \sim N(\mu_2, 9^2)$(单位: kg), 现从第一种操作方法生产的产品中随机抽取 13 件, 得到 $\bar{x} = 42$, 从第二种操作方法生产的产品中随机抽取 17 件, 测得 $\bar{y} = 36$, 问这两种操作方法生产的产品的平均抗折强度是否有显著差异 ($\alpha = 0.05$)?

8. 某种物品在处理前与处理后分别抽样分析其含脂率, 测得数据如下.

处理前 x_i	0.18	0.17	0.20	0.29	0.40	0.11	0.28	
处理后 y_j	0.14	0.12	0.26	0.23	0.28	0.05	0.18	0.10

假设处理前后的含脂率都服从正态分布, 且方差不变, 问该物品处理前后含脂率的均值是否有显著差异 ($\alpha = 0.01$)?

9. 有甲、乙两台机床加工同样的产品, 现从这两台机床加工的产品中随机地抽取若干产品, 测得产品直径 (单位: mm) 如下.

甲机床	19.5	18.8	18.7	19.4	19.1	19.0	18.6	18.9
乙机床	18.7	19.8	19.5	18.8	18.4	19.6	18.2	

问甲、乙两台机床加工的精度是否有显著差异 ($\alpha = 0.05$)?

10. 某车床生产滚珠, 现随机抽取了 50 个产品, 测得它们的直径 (单位: mm) 为

15.0	15.8	15.2	15.1	15.9	14.7	14.8	15.5	15.6	15.3
15.1	15.3	15.0	15.6	15.7	14.8	14.5	14.2	14.9	14.9
15.2	15.0	15.3	15.6	15.1	14.9	14.2	14.6	15.8	15.2
15.9	15.2	15.0	14.9	14.8	14.5	15.1	15.5	15.5	15.1
15.1	15.0	15.3	14.7	14.5	15.5	15.0	14.7	14.6	14.2

问滚珠直径是否服从正态分布 ($\alpha = 0.05$)?

B 组

1. 随机地从一批直径服从正态分布的滚珠中抽取 7 个, 测得其直径 (单位: mm) 为

13.70 14.21 13.90 13.91 14.32 14.32 14.10

假设滚珠直径总体分布的方差为 0.05, 问这批滚珠的平均直径是否小于等于 14.25($\alpha = 0.05$)?

2. 设 $x_1, x_2, \cdots, x_n$ 是取自正态总体 $N(\mu, \sigma^2)$ 的样本, 记 $\bar{x} = \frac{1}{n}\sum_{i=1}^{n} x_i$, $Q^2 = \sum_{i=1}^{n}(x_i - \bar{x})^2$, 试在此记号下求假设 $H_0: \mu = 0$ 的检验统计量?

3. 某种导线要求其电阻的标准差不超过 0.004Ω, 现从生产的一批导线中随机抽取 8 根, 得到 $s^2 = 0.006^2$, 若该导线的电阻服从正态分布, 问能否认为这批导线的标准差偏小 ($\alpha = 0.05$)?

4. 下面是某两种型号的电器充电后所能使用的时间 (单位: h) 的观测值

型号 A	5.5	5.6	6.3	4.6	5.3	5.0	6.2	5.8	5.1	5.2	5.9	
型号 B	3.8	4.3	4.2	4.0	4.9	4.5	5.2	4.8	4.5	3.9	3.7	4.6

设两样本独立且抽样的两个正态总体方差相等, 试问能否认为型号 A 比型号 B 平均使用的时间更短 ($\alpha = 0.01$)?

5. 某药厂生产一种新的止痛片, 厂方希望验证服用新药片后到开始起作用的时间间隔较原有止痛片至少缩短一半, 因此厂方提出检验假设

$$H_0: \mu_1 = 2\mu_2 \quad vs \quad H_1: \mu_1 > 2\mu_2$$

其中 μ_1, μ_2 分别是服用原有止痛片和服用新止痛片后到开始起作用的时间间隔的总体均值, 若这两个总体均服从正态分布, 且方差 σ_1^2, σ_2^2 已知, 现分别从两个总体中抽取两个独立样本 $x_1, x_2, \cdots, x_m$ 和 $y_1, y_2, \cdots, y_n$, 试给出上述假设检验问题的检验统计量及拒绝域?

6. 有两箱来自不同厂家的功能相同的金属部件, 从第一箱中抽取 60 个, 从第二箱中抽取 40 个, 得到部件重量 (mg) 的样本方差分别为 $s_x^2 = 15.46$, $s_y^2 = 9.66$. 若两样本相互独立且服从正态分布, 试问第一箱重量的总体方差是否比第二箱重量的总体方差小 ($\alpha = 0.05$)?

7. 测得 A, B 两批电子器件的电阻如下.

A	0.140	0.138	0.143	0.142	0.144	0.137
B	0.135	0.140	0.142	0.136	0.138	0.140

设两批电子器件的电阻分别服从 $N(\mu_1, \sigma_1^2)$, $N(\mu_2, \sigma_2^2)$, 试问能否认为两个总体服从相同的正态分布 ($\alpha = 0.05$)?

8. 在一批灯泡中抽取 300 只进行寿命测试, 试验结果如下.

寿命 t(h)	$0 \leqslant t \leqslant 100$	$100 < t \leqslant 200$	$200 < t \leqslant 300$	$t \geqslant 300$
灯泡数	121	78	43	58

试检验假设: H_0: 灯泡寿命服从指数分布 $f(t) = \begin{cases} 0.005e^{-0.005t}, & t > 0, \\ 0, & t \leqslant 0 \end{cases}$ ($\alpha = 0.05$)?

第 9 章 方差分析与回归分析

*9.1 方 差 分 析

9.1.1 问题的提出

前面讨论的都是一个总体或两个总体的统计分析问题, 但在实际工作中, 经常会碰到多个正态总体均值的比较问题, 处理这类问题通常采用方差分析方法. 本小节将介绍这一方法, 下面我们先看一个例子.

例 9.1 有 8 位食品专家对三种配方的食品随机品尝, 然后对食品的口感分别打分 (满分为 10 分), 结果见下表, 问三种配方的口感是否相同?

配方	专家							
A_1	8	4	5	6	7	8	6	5
A_2	6	2	7	5	3	7	4	6
A_3	5	7	6	3	4	7	5	5

本例中, 要比较的是三种配方的口感是否相同. 在这里我们把配方称为**因子**, 记为 A, 三种不同的配方称为因子 A 的三个**水平**, 记为 A_1, A_2, A_3, 在配方 A_i 下第 j 个专家的打分用 y_{ij} 表示, $i=1,2,3$, $j=1,2,\cdots,8$. 我们的目的是比较三种配方的平均分数是否相等, 为此, 需要做一些基本假定, 把所研究的问题归结为一个统计问题, 然后用方差分析的方法进行解决.

9.1.2 单因子方差分析的统计模型

在例 9.1 中, 由于我们只考察了一个因子, 故称其为**单因子试验**. 在单因子试验中, 记因子为 A, 假设其有 r 个水平, 记为 $A_1, A_2, \cdots, A_r$, 将在每一水平下考察的指标看成一个总体, 现有 r 个水平, 故涉及 r 个总体. 在讨论开始前, 我们需要做如下假定.

(1) 每一总体均为正态总体, 记为 $N(\mu_i,\sigma_i^2)$, $i=1,2,\cdots,r$;

(2) 各个总体的方差相同, 即 $\sigma_1^2=\sigma_2^2=\cdots=\sigma_r^2=\sigma^2$;

(3) 从每一总体中抽取的样本是相互独立的, 即所有的试验结果 y_{ij} 都相互独立.

事实上, 要比较各个水平下的均值是否相同, 就是要检验下面的假设

$$H_0:\mu_1=\mu_2=\cdots=\mu_r.$$

备择假设为

$$H_1: \mu_1, \mu_2, \cdots, \mu_r \text{不全相等}.$$

在不会引起误解的情况下, H_1 通常省略不写.

如果 H_0 成立, 则因子 A 的 r 个水平均值相同, 称为**因子 A 的 r 个水平间没有显著差异**, 简称**因子 A 不显著**; 反之, 当 H_0 不成立时, 因子 A 的 r 个水平均值不全相同, 这时称**因子 A 的不同水平间有显著差异**, 简称**因子 A 显著**.

为对假设 H_0 进行检验, 需要从每一水平下的总体抽取样本, 假设从第 i 个水平下的总体获得 m 个试验结果, 用 y_{ij} 表示第 i 个总体的第 j 次试验结果. 可将试验数据列成如下表格形式.

因子水平	试验数据			
A_1	y_{11}	y_{12}	$\cdots$	y_{1m}
A_2	y_{21}	y_{22}	$\cdots$	y_{2m}
$\vdots$	$\vdots$	$\vdots$	$\vdots$	$\vdots$
A_r	y_{r1}	y_{r2}	$\cdots$	y_{rm}

其中 r 为水平数, m 为重复数, i 为水平编号, j 为重复编号.

在水平 A_i 下的试验结果 y_{ij} 与该水平下的指标均值 μ_i 一般总是有差距的, 记 $\varepsilon_{ij} = y_{ij} - \mu_i$, ε_{ij} 称为**随机误差**. 于是有

$$y_{ij} = \mu_i + \varepsilon_{ij}.$$

上式称为试验结果 y_{ij} 的数据结构式.

将上面的三个假定用于数据结构式就可以写出单因子方差分析的统计模型

$$\begin{cases} y_{ij} = \mu_i + \varepsilon_{ij}, \quad i = 1, 2, \cdots, r, j = 1, 2, \cdots, m, \\ \text{诸}\varepsilon_{ij}\text{相互独立}, \quad \text{且都服从N}(0, \sigma^2). \end{cases}$$

9.1.3 平方和分解

为导出检验假设 H_0 的统计量, 我们首先分析引起 y_{ij} 波动的原因, 其原因如下.

当 H_0 为真时, y_{ij} 波动由随机误差引起; 当 H_0 不真时, y_{ij} 波动由随机误差和效应间的差异引起.

下面我们就从平方和分解入手, 找出反映上述原因的量来, 为此, 记

$$\bar{y}_i = \frac{1}{m}\sum_{j=1}^{m} y_{ij}, \quad n = rm, \quad \bar{y} = \frac{1}{n}\sum_{i=1}^{r}\sum_{j=1}^{m} y_{ij}, \quad i = 1, 2, \cdots, r,$$

接下来, 我们用 y_{ij} 与 $\bar{y}$ 之间的偏差平方和来反映 y_{ij} 之间的波动, 在数理统计中称该偏差平方和为**总偏差平方和**, 记为

$$S_T=\sum_{i=1}^{r}\sum_{j=1}^{m}(y_{ij}-\bar{y})^2,$$

其自由度为 $n-1$.

仅由随机误差引起的数据间的差异可用**组内偏差平方和**表示, 也称为**误差偏差平方和**, 记为

$$S_e=\sum_{i=1}^{r}\sum_{j=1}^{m}(y_{ij}-\bar{y}_{i\cdot})^2,$$

其自由度为 $n-r$.

由于组间差异除了随机误差, 还反映了效应间的差异, 故由效应不同引起的数据差异可用**组间偏差平方和**表示, 也称为**因子 A 的偏差平方和**, 记为

$$S_A=m\sum_{i=1}^{r}(\bar{y}_{i\cdot}-\bar{y})^2,$$

其自由度为 $r-1$.

定理 9.1　在上述符号下, 总偏差平方和 S_T 可以分解为因子 A 的偏差平方和 S_A 与误差偏差平方和 S_e 之和, 即

$$S_T=S_A+S_e,$$

上式通常称为**总平方和分解式**.

9.1.4　检验方法

此时, 选用

$$F=\frac{S_A/(r-1)}{S_e/(n-r)}$$

作为检验 H_0 的统计量.

关于总偏差平方和、因子 A 的偏差平方和、误差偏差平方和, 我们有如下结果.

定理 9.2　在单因子方差分析模型及前述符号下, 有

(1) $S_e/\sigma^2\sim\chi^2(n-r)$;

(2) 若 H_0 成立, 则 $S_A/\sigma^2\sim\chi^2(r-1)$;

(3) S_A 与 S_e 独立.

根据定理 9.2, 若 H_0 成立, 则检验统计量 $F \sim F(r-1, n-r)$, 因而对于给定的显著性水平 α, 拒绝域确定为

$$W = \{F \geqslant F_{1-\alpha}(r-1, n-r)\}.$$

通常将上述计算过程列成如下表格形式, 称为**方差分析表**.

来源	平方和	自由度	均方和	F 比
因子 A	S_A	$r-1$	$S_A/(r-1)$	$F = \dfrac{S_A/(r-1)}{S_e/(n-r)}$
误差 e	S_e	$n-r$	$S_e/(n-r)$	
总和 T	S_T	$n-1$		

对于给定的 α, 可作如下判断:

(1) 若 $F \geqslant F_{1-\alpha}(r-1, n-r)$, 则认为因子 A 显著;

(2) 若 $F < F_{1-\alpha}(r-1, n-r)$, 则说明因子 A 不显著.

为方便计算各偏差平方和, 记

$$T_i = \sum_{j=1}^{m} y_{ij}, \quad T = \sum_{i=1}^{r}\sum_{j=1}^{m} y_{ij}, \quad i = 1, 2, \cdots, r,$$

可得各偏差平方和计算公式如下:

$$S_T = \sum_{i=1}^{r}\sum_{j=1}^{m} y_{ij}^2 - \frac{T^2}{n}, \quad S_A = \frac{1}{m}\sum_{i=1}^{r} T_i^2 - \frac{T^2}{n}, \quad S_e = S_T - S_A.$$

一般可将计算过程列表进行.

例 9.2 采用例 9.1 的数据, 将原始数据列表进行计算, 过程如下.

水平	数据								T_i	T_i^2	$\sum_{j=1}^{m} y_{ij}^2$
A_1	8	4	5	6	7	8	6	5	49	2401	315
A_2	6	2	7	5	3	7	4	6	40	1600	224
A_3	5	7	6	3	4	7	5	5	42	1764	234
和									131	5765	773

根据上表可算得各偏差平方和为

$$S_T = 773 - \frac{131^2}{24} = 57.9583, \quad S_A = \frac{5765}{8} - \frac{131^2}{24} = 5.5833,$$

$$S_e = S_T - S_A = 57.9583 - 5.5833 = 52.3750.$$

把上述各偏差平方和及其自由度填入方差分析表得出.

来源	平方和	自由度	均方和	F 比
因子 A	5.5833	2	2.7917	1.1193
误差 e	52.3750	21	2.4940	
总和 T	57.9583	23		

若取 $\alpha = 0.05$, 则 $F_{0.95}(2,21) = 3.47$, 由于 $F = 1.1193 < 3.47$, 故认为因子 A 是不显著的, 即三种配方的口感没有明显的差别.

9.2　一元回归分析

变量间常见的关系有两类, 一类是确定性关系, 这时变量间的关系是完全已知的, 可以用函数来表示; 另一类是相关关系, 这时变量间有关系, 但不能用函数来表示, 例如, 人的身高与体重之间的关系. 一般来说, 身高较高的人体重也较重, 但同样身高的人的体重也会不一样.

虽然变量间的相关关系不能用完全确切的函数形式来表示, 但在平均意义下有一定的定量关系表达式, 寻找这种定量关系表达式就是回归分析的主要任务. 下面以一元线性回归为例来说明回归分析方法.

9.2.1　一元线性回归模型

设 y 与 x 间有相关关系, 称 x 为**预报变量**, y 为**响应变量**. 为了研究它们之间的关系, 需通过一系列试验得到一组数据 (x_1, y_1), (x_2, y_2), $\cdots$, (x_n, y_n), 每对 $(x_i, y_i)(i = 1, 2, \cdots, n)$ 都对应于平面直角坐标系中的一个点, 将这 n 个点标在平面直角坐标系中, 所得到的图称为**散点图**, 利用散点图可以对变量之间的关系有一个直观的了解.

例 9.3　为研究合金钢强度 y 与合金钢中碳含量 x 的关系. 我们收集到 12 组数据, 记为 (x_i, y_i), 列于下表中.

序号	$x(\%)$	$y(\times 10^7\text{Pa})$	序号	$x(\%)$	$y(\times 10^7\text{Pa})$
1	0.10	42.0	7	0.16	49.0
2	0.11	43.0	8	0.17	53.0
3	0.12	45.0	9	0.18	50.0
4	0.13	45.0	10	0.20	55.0
5	0.14	45.0	11	0.21	55.0
6	0.15	47.5	12	0.23	60.0

将这 12 个点标在平面直角坐标系中, 得到如下散点图.

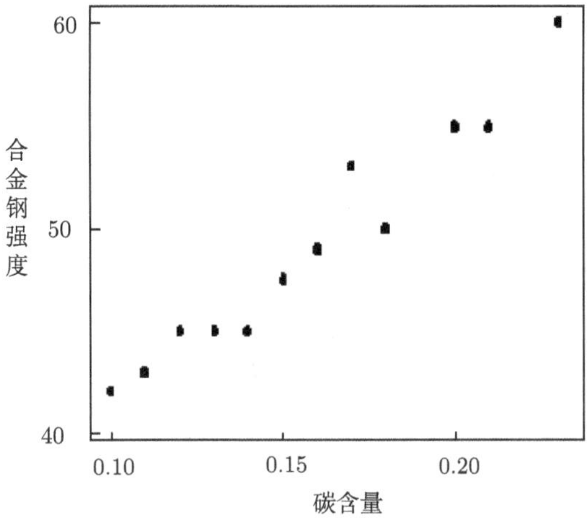

从散点图上可以看出 12 个点基本在一条直线附近, 但不完全在一条直线上, 这是由于合金钢强度 y 不但受合金钢中碳含量 x 的影响, 还受其他随机因素的影响, 因而 y 可以看成是两部分的叠加, 一部分是 x 的线性函数 $a+bx$, 另一部分是随机因素引起的随机误差 ε, 即

$$y=a+bx+\varepsilon.$$

在一元回归分析中, 通常假设 $y_i(i=1,2,\cdots,n)$ 是从总体 y 中抽取的样本, 且随机误差 $\varepsilon\sim N(0,\sigma^2)$, 从而可得如下**一元线性回归模型**

$$\begin{cases} y_i=a+bx_i+\varepsilon_i, \quad i=1,2,\cdots,n, \\ \text{各}\varepsilon_i\sim N(0,\sigma^2)\text{且相互独立}. \end{cases}$$

由数据 $(x_i,y_i)(i=1,2,\cdots,n)$, 可以获得 a, b 的估计 $\hat{a}$, $\hat{b}$, 称

$$\hat{y}=\hat{a}+\hat{b}x$$

为 y 关于 x 的**回归方程**, 其图形称为**回归直线**. 给定 $x=x_0$ 后, 称 $\hat{y}_0=\hat{a}+\hat{b}x_0$ 为**回归值**.

9.2.2　回归系数的最小二乘估计

一般采用最小二乘方法来估计一元线性回归模型中的 a, b. 令

$$Q(a,b)=\sum_{i=1}^{n}(y_i-a-bx_i)^2.$$

对 $Q(a,b)$ 求偏导数并令其为 0, 得

$$\begin{cases} \dfrac{\partial Q}{\partial a} = -2\sum_{i=1}^{n}(y_i - a - bx_i) = 0, \\ \dfrac{\partial Q}{\partial b} = -2\sum_{i=1}^{n}(y_i - a - bx_i)x_i = 0. \end{cases}$$

这组方程称为**正规方程组**, 经过整理, 可得

$$\begin{cases} na + b\sum_{i=1}^{n} x_i = \sum_{i=1}^{n} y_i; \\ a\sum_{i=1}^{n} x_i + b\sum_{i=1}^{n} x_i^2 = \sum_{i=1}^{n} x_i y_i. \end{cases}$$

解此方程组得

$$\begin{cases} \hat{b} = l_{xy}/l_{xx}, \\ \hat{a} = \bar{y} - \hat{b}\bar{x}, \end{cases}$$

其中 $\bar{x} = \dfrac{1}{n}\sum_{i=1}^{n} x_i$, $\bar{y} = \dfrac{1}{n}\sum_{i=1}^{n} y_i$,

$$l_{xy} = \sum_{i=1}^{n}(x_i - \bar{x})(y_i - \bar{y}) = \sum_{i=1}^{n} x_i y_i - \frac{1}{n}\sum_{i=1}^{n} x_i \sum_{i=1}^{n} y_i;$$

$$l_{xx} = \sum_{i=1}^{n}(x_i - \bar{x})^2 = \sum_{i=1}^{n} x_i^2 - \frac{1}{n}\left(\sum_{i=1}^{n} x_i\right)^2;$$

$$l_{yy} = \sum_{i=1}^{n}(y_i - \bar{y})^2 = \sum_{i=1}^{n} y_i^2 - \frac{1}{n}\left(\sum_{i=1}^{n} y_i\right)^2.$$

显然, $\hat{a}$, $\hat{b}$ 使得 $Q(a,b)$ 取得最小值, 我们称这样得到的 $\hat{a}$, $\hat{b}$ 为 a, b 的**最小二乘估计**, 记为 LSE.

使用例 9.3 中合金钢强度和合金钢中碳含量的数据, 我们可求得回归方程, 具体计算见下表.

$\sum x_i = 1.90$	$n = 12$	$\sum y_i = 590.5$
$\sum x_i^2 = 0.3194$	$\sum x_i y_i = 95.925$	$\sum y_i^2 = 29392.75$
$l_{xx} = 0.0186$	$l_{xy} = 2.4292$	$l_{yy} = 335.23$
	$\hat{b} = l_{xy}/l_{xx} = 130.6$	
	$\hat{a} = \bar{y} - \hat{b}\bar{x} = 28.53$	

根据上表可得回归方程为

$$\hat{y} = 28.53 + 130.6x.$$

9.2.3 回归方程的显著性检验

在使用回归方程进行估计和预测前, 首先应对回归方程是否有意义进行判断.

如果 $b=0$, 那么不管 x 如何变化, $E(y)$ 不会随 x 的变化而变化, 因而这时求得的一元线性回归方程就没有意义, 称**回归方程不显著**. 如果 $b\neq 0$, $E(y)$ 将随 x 的变化而变化, 因而这时求得的回归方程就有意义, 称**回归方程是显著的**.

因此, 对回归方程是否有意义作判断就是要检验如下假设

$$H_0: b=0 \quad vs \quad H_1: b\neq 0$$

拒绝 H_0 表示回归方程是显著的.

这里采用方差分析的思想, 我们从数据出发分析各 y_i 不同的原因.

数据总的波动用**总偏差平方和**$S_T=\sum(y_i-\bar{y})^2=l_{yy}$ 表示. 引起各 y_i 不同的原因主要有两个, 一是 H_0 不真, 从而 $E(y)$ 随 x 的变化而变化, 这导致在每一个 x 的观测值处的回归值不同, 其波动用**回归平方和**$S_R=\sum(\hat{y}_i-\bar{y})^2$ 表示; 二是其他一切因素, 包括随机误差、x 对 $E(y)$ 的非线性影响等, 这可用**残差平方和**$S_e=\sum(y_i-\hat{y}_i)^2$ 表示. 关于它们, 有如下平方和分解式

$$S_T=S_R+S_e.$$

如同方差分析那样, 我们可以考虑采用 F 比作为检验统计量

$$F=\frac{S_R}{S_e/(n-2)}.$$

关于上述的 S_T, S_R 和 S_e, 我们有如下结果.

定理 9.3 在一元线性回归模型及前述符号下, 有

(1) $S_e/\sigma^2\sim\chi^2(n-2)$;

(2) 若 H_0 成立, 则 $S_R/\sigma^2\sim\chi^2(1)$;

(3) S_R, S_e, $\bar{y}$ 相互独立.

根据定理 9.3, 若 $b=0$, 则检验统计量 $F\sim F(1,n-2)$, 因而对于给定的显著性水平 α, 拒绝域确定为

$$W=\{F\geqslant F_{1-\alpha}(1,n-2)\}.$$

整个检验也可列成一张方差分析表.

例 9.4 前面已求出了例 9.3 的回归方程, 这里我们考虑关于回归方程的显著性检验. 经计算有

$$S_T=l_{yy}=335.23.$$

$$S_R = \hat{b}^2 l_{xx} = 130.60^2 \times 0.0186 = 317.26.$$

$$S_e = S_T - S_R = 335.23 - 317.26 = 17.97.$$

其方差分析表如下.

来源	平方和	自由度	均方和	F 比
回归平方和	317.26	1	317.26	176.26
残差平方和	17.97	10	1.8	
总偏差平方和	335.23	11		

若取 $\alpha = 0.01$, 则 $F_{0.99}(1,10) = 10.0$, 由于 $F = 176.26 > 10.0$, 所以在显著性水平 0.01 下回归方程是显著的.

习　题　9

A 组

1. 某家电制造公司准备购进一批 5 号电池, 现有 A, B, C 三个电池生产企业愿意供货, 为比较它们生产的电池质量, 从每个企业各随机抽取 5 只电池, 经试验得其寿命 (h) 数据如下.

试验号	企业 A	企业 B	企业 C
1	50	32	45
2	50	28	42
3	43	30	38
4	40	34	48
5	39	26	40

试分析三个企业生产的电池的平均寿命之间有无显著差异 ($\alpha = 0.05$)?

2. 某企业准备用三种方法组装一种新的产品, 为确定哪种方法每小时生产的产品数量最多, 随机抽取了 30 名工人, 并指定每个人使用其中的一种方法. 通过对每个工人生产的产品数进行方差分析得到下面的结果.

方差来源	平方和	自由度	均方和	F 值
组间			210	
误差	3836			
总和		29		

(1) 完成上面的方差分析表;

(2) 检验三种方法组装的产品数量之间是否有显著差异 ($\alpha = 0.05$)?

3. 某厂 5 年间工业增加值与劳动生产率的资料如下表.

工业增加值 y(万元)	15	19	24	33	40
劳动生产率 x(万元/人)	4.0	3.2	3.8	4.2	4.8

求工业增加值对劳动生产率的回归方程 $\hat{y} = \beta_0 + \beta_1 x$?

4. 现收集了 16 组合金中的碳含量 x 及强度 y 的数据, 经计算得 $\bar{x} = 0.125$, $\bar{y} = 45.7886$, $l_{xx} = 0.3024$, $l_{xy} = 25.5218$, $l_{yy} = 2432.4566$.

(1) 建立 y 关于 x 的一元线性回归方程 $\hat{y} = \beta_0 + \beta_1 x$;

(2) 对回归方程做显著性检验?

B 组

1. 证明定理 9.1.

2. 证明线性回归直线 $\hat{y} = \hat{\beta}_0 + \hat{\beta}_1 x$ 一定过点 $(\overline{x}, \overline{y})$.

3. 证明回归平方和 $S_R = \hat{\beta}_1^2 l_{xx}$.

4. 在线性回归分析中, $S_T = \sum (y_i - \bar{y})^2$ 表示总偏差平方和, $S_R = \sum (\hat{y}_i - \bar{y})^2$ 表示回归平方和, $S_e = \sum (y_i - \hat{y}_i)^2$ 表示残差平方和. 证明 $S_T = S_R + S_e$.

参 考 文 献

[1] 陈灿. 2013. 概率论与数理统计 (经管类). 北京：科学出版社.

[2] 陈希孺. 1992. 概率论与数理统计. 合肥：中国科学技术大学出版社.

[3] 韩旭里, 等. 2006. 概率论与数理统计. 上海：复旦大学出版社.

[4] 纪楠, 等. 2014. 概率论与数理统计: 实训教程. 北京：清华大学出版社.

[5] 金少华, 等. 2014. 概率论与数理统计. 北京：科学出版社.

[6] 李伯德, 等. 2010. 概率论与数理统计. 北京：科学出版社.

[7] 李贤平, 等. 2005. 概率论与数理统计. 上海：复旦大学出版社.

[8] 李永乐. 2015. 概率论与数理统计. 2 版. 北京：科学出版社.

[9] 李子奈, 等. 2010. 计量经济学. 3 版. 北京：高等教育出版社.

[10] 林仁炳. 2014. 概率论与数理统计. 北京：北京师范大学出版社.

[11] 刘嘉焜, 等. 2010. 应用概率统计. 2 版. 北京：科学出版社.

[12] 龙永红. 2009. 概率论与数理统计. 3 版. 北京：高等教育出版社.

[13] 马毅, 等. 2015. 概率论与数理统计 (理工类). 北京：清华大学出版社.

[14] 茆诗松, 等. 2003. 统计手册. 北京：科学出版社.

[15] 茆诗松, 等. 2004. 概率论与数理统计教程. 北京：高等教育出版社.

[16] 茆诗松, 等. 2005. 概率论与数理统计教程习题与解答. 北京：高等教育出版社.

[17] 沈恒范. 2003. 概率论与数理统计教程. 北京：高等教育出版社.

[18] 盛骤, 等. 2008. 概率论与数理统计. 4 版. 北京：高等教育出版社.

[19] 同济大学数学系. 2003. 概率统计简明教程. 北京：高等教育出版社.

[20] 同济大学数学系. 2015. 概率论与数理统计. 2 版. 上海：同济大学出版社.

[21] 王建平, 等. 2015. 概率论与数理统计. 北京：科学出版社.

[22] 王松桂, 等. 2006. 概率论与数理统计. 2 版. 北京：科学出版社.

[23] 魏贵民, 等. 2015. 概率论与数理统计. 2 版. 北京：高等教育出版社.

[24] 魏振军, 等. 2013. 概率论与数理统计三十三讲. 3 版. 北京：中国统计出版社.

[25] 魏振军, 等. 2013. 概率论与数理统计三十三讲: 学习指导与习题解答. 3 版. 北京：中国统计出版社.

[26] 魏宗舒. 2008. 概率论与数理统计教程. 2 版. 北京：高等教育出版社.

[27] 文平, 等. 2010. 概率论与数理统计. 北京：科学出版社.

[28] 谢兴武, 等. 2008. 概率统计释难解疑. 北京：科学出版社.

[29] 张好治, 等. 2014. 概率论与数理统计. 北京：科学出版社.

[30] 张好治, 等. 2014. 概率论与数理统计学习指导. 北京：科学出版社.

[31] 张良. 2015. 概率论与数理统计 (经管类). 北京：清华大学出版社.

[32] 仉志余, 等. 2006. 概率论与数理统计分级讲练教程. 北京：北京大学出版社.

[33] 赵选民, 等. 2001. 概率论与数理统计——典型题分析解集. 2 版. 西安：西北工业大学出版社.

[34] 郑忠国, 等, 译. 2007. (美) 罗斯著. 概率论基础教程. 7 版. 北京：人民邮电出版社.

附　　录

附表 1　泊松分布概率值表

$$p(X=k)=\frac{\lambda^k}{k!}\mathrm{e}^{-\lambda}$$

k \ λ	0.1	0.2	0.3	0.4	0.5	0.6	0.7	0.8	0.9	1
0	0.904837	0.818731	0.740818	0.67032	0.606531	0.548812	0.496585	0.449329	0.40657	0.367879
1	0.090484	0.163746	0.222245	0.268128	0.303265	0.329287	0.347610	0.359463	0.365913	0.367879
2	0.004524	0.016375	0.033337	0.053626	0.075816	0.098786	0.121663	0.143785	0.164661	0.183940
3	0.000151	0.001092	0.003334	0.007150	0.012636	0.019757	0.028388	0.038343	0.049398	0.061313
4	0.000004	0.000055	0.000250	0.000715	0.001580	0.002964	0.004968	0.007669	0.011115	0.015328
5	0	0.000002	0.000015	0.000057	0.000158	0.000356	0.000696	0.001227	0.002001	0.003066
6	0	0	0.000001	0.000004	0.000013	0.000036	0.000081	0.000164	0.000300	0.000511
7	0	0	0	0	0.000001	0.000003	0.000008	0.000019	0.000039	0.000073
8	0	0	0	0	0	0	0.000001	0.000002	0.000004	0.000009
9	0	0	0	0	0	0	0	0	0	0.000001

k \ λ	1.5	2	2.5	3	3.5	4	4.5	5	5.5	6
0	0.22313	0.135335	0.082085	0.049787	0.030197	0.018316	0.011109	0.006738	0.004087	0.002479
1	0.334695	0.270671	0.205212	0.149361	0.105691	0.073263	0.049990	0.033690	0.022477	0.014873
2	0.251021	0.270671	0.256516	0.224042	0.184959	0.146525	0.112479	0.084224	0.061812	0.044618
3	0.125511	0.180447	0.213763	0.224042	0.215785	0.195367	0.168718	0.140374	0.113323	0.089235
4	0.047067	0.090224	0.133602	0.168031	0.188812	0.195367	0.189808	0.175467	0.155819	0.133853
5	0.014120	0.036089	0.066801	0.100819	0.132169	0.156293	0.170827	0.175467	0.171401	0.160623
6	0.003530	0.012030	0.027834	0.050409	0.077098	0.104196	0.12812	0.146223	0.157117	0.160623
7	0.000756	0.003437	0.009941	0.021604	0.038549	0.059540	0.082363	0.104445	0.123449	0.137677
8	0.000142	0.000859	0.003106	0.008102	0.016865	0.029770	0.046329	0.065278	0.084871	0.103258
9	0.000024	0.000191	0.000863	0.002701	0.006559	0.013231	0.023165	0.036266	0.051866	0.068838
10	0.000004	0.000038	0.000216	0.000810	0.002296	0.005292	0.010424	0.018133	0.028526	0.041303
11	0	0.000007	0.000049	0.000221	0.00073	0.001925	0.004264	0.008242	0.014263	0.022529
12	0	0.000001	0.000010	0.000055	0.000213	0.000642	0.001599	0.003434	0.006537	0.011264
13	0	0	0.000002	0.000013	0.000057	0.000197	0.000554	0.001321	0.002766	0.005199
14	0	0	0	0.000003	0.000014	0.000056	0.000178	0.000472	0.001087	0.002228
15	0	0	0	0.000001	0.000003	0.000015	0.000053	0.000157	0.000398	0.000891
16	0	0	0	0	0.000001	0.000004	0.000015	0.000049	0.000137	0.000334
17	0	0	0	0	0	0.000001	0.000004	0.000014	0.000044	0.000118
18	0	0	0	0	0	0	0.000001	0.000004	0.000014	0.000039
19	0	0	0	0	0	0	0	0.000001	0.000004	0.000012
20	0	0	0	0	0	0	0	0	0.000001	0.000004
21	0	0	0	0	0	0	0	0	0	0.000001

续表

k \ λ	6.5	7	7.5	8	8.5	9	9.5	10	20	30
0	0.001503	0.000912	0.000553	0.000335	0.000203	0.000123	0.000075	0.000045	0	0
1	0.009772	0.006383	0.004148	0.002684	0.001729	0.001111	0.000711	0.000454	0	0
2	0.031760	0.022341	0.015555	0.010735	0.00735	0.004998	0.003378	0.002270	0	0
3	0.068814	0.052129	0.038889	0.028626	0.020826	0.014994	0.010696	0.007567	0.000003	0
4	0.111822	0.091226	0.072916	0.057252	0.044255	0.033737	0.025403	0.018917	0.000014	0
5	0.145369	0.127717	0.109375	0.091604	0.075233	0.060727	0.048266	0.037833	0.000055	0
6	0.157483	0.149003	0.136718	0.122138	0.106581	0.091090	0.076421	0.063055	0.000183	0
7	0.146234	0.149003	0.146484	0.139587	0.129419	0.117116	0.103714	0.090079	0.000523	0
8	0.118815	0.130377	0.137329	0.139587	0.137508	0.131756	0.123160	0.112599	0.001309	0.000002
9	0.085811	0.101405	0.114440	0.124077	0.129869	0.131756	0.130003	0.125110	0.002908	0.000005
10	0.055777	0.070983	0.085830	0.099262	0.110388	0.118580	0.123502	0.125110	0.005816	0.000015
11	0.032959	0.045171	0.058521	0.072190	0.085300	0.097020	0.106661	0.113736	0.010575	0.000042
12	0.017853	0.026350	0.036575	0.048127	0.060421	0.072765	0.084440	0.094780	0.017625	0.000104
13	0.008926	0.014188	0.021101	0.029616	0.039506	0.050376	0.061706	0.072908	0.027116	0.000240
14	0.004144	0.007094	0.011304	0.016924	0.023986	0.032384	0.041872	0.052077	0.038737	0.000513
15	0.001796	0.003311	0.005652	0.009026	0.013592	0.019431	0.026519	0.034718	0.051649	0.001027
16	0.000730	0.001448	0.002649	0.004513	0.007221	0.010930	0.015746	0.021699	0.064561	0.001925
17	0.000279	0.000596	0.001169	0.002124	0.003610	0.005786	0.008799	0.012764	0.075954	0.003397
18	0.000101	0.000232	0.000487	0.000944	0.001705	0.002893	0.004644	0.007091	0.084394	0.005662
19	0.000034	0.000085	0.000192	0.000397	0.000763	0.001370	0.002322	0.003732	0.088835	0.008941
20	0.000011	0.000030	0.000072	0.000159	0.000324	0.000617	0.001103	0.001866	0.088835	0.013411
21	0.000003	0.000010	0.000026	0.000061	0.000131	0.000264	0.000499	0.000889	0.084605	0.019159
22	0.000001	0.000003	0.000009	0.000022	0.000051	0.000108	0.000215	0.000404	0.076914	0.026126
23	0	0.000001	0.000003	0.000008	0.000019	0.000042	0.000089	0.000176	0.066881	0.034077
24	0	0	0.000001	0.000003	0.000007	0.000016	0.000035	0.000073	0.055735	0.042596
25	0	0	0	0.000001	0.000002	0.000006	0.000013	0.000029	0.044588	0.051115
26	0	0	0	0	0.000001	0.000002	0.000005	0.000011	0.034298	0.058979
27	0	0	0	0	0	0.000001	0.000002	0.000004	0.025406	0.065532
28	0	0	0	0	0	0	0.000001	0.000001	0.018147	0.070213
29	0	0	0	0	0	0	0	0.000001	0.012515	0.072635

k \ λ	20	30	k \ λ	20	30	k \ λ	20	30
30	0.008344	0.072635	37	0.000206	0.030614	44	0.000001	0.003467
31	0.005383	0.070291	38	0.000108	0.024169	45	0.000001	0.002311
32	0.003364	0.065898	39	0.000056	0.018591	46	0	0.001507
33	0.002039	0.059908	40	0.000028	0.013943	47	0	0.000962
34	0.001199	0.052860	41	0.000014	0.010203	48	0	0.000601
35	0.000685	0.045308	42	0.000006	0.007288	49	0	0.000368
36	0.000381	0.037757	43	0.000003	0.005084	50	0	0.000221

附表 2　标准正态分布函数表

$$\Phi(x) = p(X \leqslant x) = \frac{1}{\sqrt{2\pi}} \int_{-\infty}^{x} \mathrm{e}^{-\frac{t^2}{2}} \mathrm{d}t$$

x	0.00	0.01	0.02	0.03	0.04	0.05	0.06	0.07	0.08	0.09
0.0	0.50000	0.50399	0.50798	0.51197	0.51595	0.51994	0.52392	0.5279	0.53188	0.53586
0.1	0.53983	0.54380	0.54776	0.55172	0.55567	0.55962	0.56356	0.56749	0.57142	0.57535
0.2	0.57926	0.58317	0.58706	0.59095	0.59483	0.59871	0.60257	0.60642	0.61026	0.61409
0.3	0.61791	0.62172	0.62552	0.62930	0.63307	0.63683	0.64058	0.64431	0.64803	0.65173
0.4	0.65542	0.65910	0.66276	0.66640	0.67003	0.67364	0.67724	0.68082	0.68439	0.68793
0.5	0.69146	0.69497	0.69847	0.70194	0.70540	0.70884	0.71226	0.71566	0.71904	0.72240
0.6	0.72575	0.72907	0.73237	0.73565	0.73891	0.74215	0.74537	0.74857	0.75175	0.75490
0.7	0.75804	0.76115	0.76424	0.76730	0.77035	0.77337	0.77637	0.77935	0.78230	0.78524
0.8	0.78814	0.79103	0.79389	0.79673	0.79955	0.80234	0.80511	0.80785	0.81057	0.81327
0.9	0.81594	0.81859	0.82121	0.82381	0.82639	0.82894	0.83147	0.83398	0.83646	0.83891
1.0	0.84134	0.84375	0.84614	0.84849	0.85083	0.85314	0.85543	0.85769	0.85993	0.86214
1.1	0.86433	0.86650	0.86864	0.87076	0.87286	0.87493	0.87698	0.87900	0.88100	0.88298
1.2	0.88493	0.88686	0.88877	0.89065	0.89251	0.89435	0.89617	0.89796	0.89973	0.90147
1.3	0.90320	0.90490	0.90658	0.90824	0.90988	0.91149	0.91309	0.91466	0.91621	0.91774
1.4	0.91924	0.92073	0.92220	0.92364	0.92507	0.92647	0.92785	0.92922	0.93056	0.93189
1.5	0.93319	0.93448	0.93574	0.93699	0.93822	0.93943	0.94062	0.94179	0.94295	0.94408
1.6	0.94520	0.94630	0.94738	0.94845	0.94950	0.95053	0.95154	0.95254	0.95352	0.95449
1.7	0.95543	0.95637	0.95728	0.95818	0.95907	0.95994	0.96080	0.96164	0.96246	0.96327
1.8	0.96407	0.96485	0.96562	0.96638	0.96712	0.96784	0.96856	0.96926	0.96995	0.97062
1.9	0.97128	0.97193	0.97257	0.97320	0.97381	0.97441	0.97500	0.97558	0.97615	0.97670
2.0	0.97725	0.97778	0.97831	0.97882	0.97932	0.97982	0.98030	0.98077	0.98124	0.98169
2.1	0.98214	0.98257	0.98300	0.98341	0.98382	0.98422	0.98461	0.98500	0.98537	0.98574
2.2	0.98610	0.98645	0.98679	0.98713	0.98745	0.98778	0.98809	0.98840	0.98870	0.98899
2.3	0.98928	0.98956	0.98983	0.99010	0.99036	0.99061	0.99086	0.99111	0.99134	0.99158
2.4	0.99180	0.99202	0.99224	0.99245	0.99266	0.99286	0.99305	0.99324	0.99343	0.99361
2.5	0.99379	0.99396	0.99413	0.99430	0.99446	0.99461	0.99477	0.99492	0.99506	0.99520
2.6	0.99534	0.99547	0.99560	0.99573	0.99585	0.99598	0.99609	0.99621	0.99632	0.99643
2.7	0.99653	0.99664	0.99674	0.99683	0.99693	0.99702	0.99711	0.99720	0.99728	0.99736
2.8	0.99744	0.99752	0.99760	0.99767	0.99774	0.99781	0.99788	0.99795	0.99801	0.99807
2.9	0.99813	0.99819	0.99825	0.99831	0.99836	0.99841	0.99846	0.99851	0.99856	0.99861
3.0	0.99865	0.99869	0.99874	0.99878	0.99882	0.99886	0.99889	0.99893	0.99896	0.99900
3.1	0.99903	0.99906	0.99910	0.99913	0.99916	0.99918	0.99921	0.99924	0.99926	0.99929
3.2	0.99931	0.99934	0.99936	0.99938	0.99940	0.99942	0.99944	0.99946	0.99948	0.99950
3.3	0.99952	0.99953	0.99955	0.99957	0.99958	0.99960	0.99961	0.99962	0.99964	0.99965
3.4	0.99966	0.99968	0.99969	0.99970	0.99971	0.99972	0.99973	0.99974	0.99975	0.99976
3.5	0.99977	0.99978	0.99978	0.99979	0.99980	0.99981	0.99981	0.99982	0.99983	0.99983
3.6	0.99984	0.99985	0.99985	0.99986	0.99986	0.99987	0.99987	0.99988	0.99988	0.99989
3.7	0.99989	0.99990	0.99990	0.99990	0.99991	0.99991	0.99992	0.99992	0.99992	0.99992
3.8	0.99993	0.99993	0.99993	0.99994	0.99994	0.99994	0.99994	0.99995	0.99995	0.99995
3.9	0.99995	0.99995	0.99996	0.99996	0.99996	0.99996	0.99996	0.99996	0.99997	0.99997

附表 3　t 分布常用分位数表

$$p(t \leqslant t_\alpha(n)) = \alpha$$

n \ α	0.75	0.9	0.95	0.975	0.99	0.995
1	1.0000	3.0777	6.3138	12.7062	31.8205	63.6567
2	0.8165	1.8856	2.9200	4.3027	6.9646	9.9248
3	0.7649	1.6377	2.3534	3.1824	4.5407	5.8409
4	0.7407	1.5332	2.1318	2.7764	3.7469	4.6041
5	0.7267	1.4759	2.0150	2.5706	3.3649	4.0321
6	0.7176	1.4398	1.9432	2.4469	3.1427	3.7074
7	0.7111	1.4149	1.8946	2.3646	2.9980	3.4995
8	0.7064	1.3968	1.8595	2.3060	2.8965	3.3554
9	0.7027	1.3830	1.8331	2.2622	2.8214	3.2498
10	0.6998	1.3722	1.8125	2.2281	2.7638	3.1693
11	0.6974	1.3634	1.7959	2.2010	2.7181	3.1058
12	0.6955	1.3562	1.7823	2.1788	2.6810	3.0545
13	0.6938	1.3502	1.7709	2.1604	2.6503	3.0123
14	0.6924	1.3450	1.7613	2.1448	2.6245	2.9768
15	0.6912	1.3406	1.7531	2.1314	2.6025	2.9467
16	0.6901	1.3368	1.7459	2.1199	2.5835	2.9208
17	0.6892	1.3334	1.7396	2.1098	2.5669	2.8982
18	0.6884	1.3304	1.7341	2.1009	2.5524	2.8784
19	0.6876	1.3277	1.7291	2.0930	2.5395	2.8609
20	0.6870	1.3253	1.7247	2.0860	2.5280	2.8453
21	0.6864	1.3232	1.7207	2.0796	2.5176	2.8314
22	0.6858	1.3212	1.7171	2.0739	2.5083	2.8188
23	0.6853	1.3195	1.7139	2.0687	2.4999	2.8073
24	0.6848	1.3178	1.7109	2.0639	2.4922	2.7969
25	0.6844	1.3163	1.7081	2.0595	2.4851	2.7874
26	0.6840	1.3150	1.7056	2.0555	2.4786	2.7787
27	0.6837	1.3137	1.7033	2.0518	2.4727	2.7707
28	0.6834	1.3125	1.7011	2.0484	2.4671	2.7633
29	0.6830	1.3114	1.6991	2.0452	2.4620	2.7564
30	0.6828	1.3104	1.6973	2.0423	2.4573	2.7500
31	0.6825	1.3095	1.6955	2.0395	2.4528	2.744
32	0.6822	1.3086	1.6939	2.0369	2.4487	2.7385
33	0.6820	1.3077	1.6924	2.0345	2.4448	2.7333
34	0.6818	1.3070	1.6909	2.0322	2.4411	2.7284
35	0.6816	1.3062	1.6896	2.0301	2.4377	2.7238
36	0.6814	1.3055	1.6883	2.0281	2.4345	2.7195
37	0.6812	1.3049	1.6871	2.0262	2.4314	2.7154
38	0.6810	1.3042	1.6860	2.0244	2.4286	2.7116
39	0.6808	1.3036	1.6849	2.0227	2.4258	2.7079
40	0.6807	1.3031	1.6839	2.0211	2.4233	2.7045
41	0.6805	1.3025	1.6829	2.0195	2.4208	2.7012
42	0.6804	1.3020	1.6820	2.0181	2.4185	2.6981
43	0.6802	1.3016	1.6811	2.0167	2.4163	2.6951
44	0.6801	1.3011	1.6802	2.0154	2.4141	2.6923

附表 4　χ^2 分布常用分位数表

$$p(\chi^2 \leqslant \chi^2_\alpha(n)) = \alpha$$

n \ α	0.75	0.90	0.95	0.975	0.99	0.995
1	1.3233	2.7055	3.8415	5.0239	6.6349	7.8794
2	2.7726	4.6052	5.9915	7.3778	9.2103	10.5966
3	4.1083	6.2514	7.8147	9.3484	11.3449	12.8382
4	5.3853	7.7794	9.4877	11.1433	13.2767	14.8603
5	6.6257	9.2364	11.0705	12.8325	15.0863	16.7496
6	7.8408	10.6446	12.5916	14.4494	16.8119	18.5476
7	9.0371	12.017	14.0671	16.0128	18.4753	20.2777
8	10.2189	13.3616	15.5073	17.5345	20.0902	21.9550
9	11.3888	14.6837	16.9190	19.0228	21.6660	23.5894
10	12.5489	15.9872	18.3070	20.4832	23.2093	25.1882
11	13.7007	17.2750	19.6751	21.9200	24.7250	26.7568
12	14.8454	18.5493	21.0261	23.3367	26.2170	28.2995
13	15.9839	19.8119	22.3620	24.7356	27.6882	29.8195
14	17.1169	21.0641	23.6848	26.1189	29.1412	31.3193
15	18.2451	22.3071	24.9958	27.4884	30.5779	32.8013
16	19.3689	23.5418	26.2962	28.8454	31.9999	34.2672
17	20.4887	24.7690	27.5871	30.1910	33.4087	35.7185
18	21.6049	25.9894	28.8693	31.5264	34.8053	37.1565
19	22.7178	27.2036	30.1435	32.8523	36.1909	38.5823
20	23.8277	28.4120	31.4104	34.1696	37.5662	39.9968
21	24.9348	29.6151	32.6706	35.4789	38.9322	41.4011
22	26.0393	30.8133	33.9244	36.7807	40.2894	42.7957
23	27.1413	32.0069	35.1725	38.0756	41.6384	44.1813
24	28.2412	33.1962	36.4150	39.3641	42.9798	45.5585
25	29.3389	34.3816	37.6525	40.6465	44.3141	46.9279
26	30.4346	35.5632	38.8851	41.9232	45.6417	48.2899
27	31.5284	36.7412	40.1133	43.1945	46.9629	49.6449
28	32.6205	37.9159	41.3371	44.4608	48.2782	50.9934
29	33.7109	39.0875	42.5570	45.7223	49.5879	52.3356
30	34.7997	40.2560	43.7730	46.9792	50.8922	53.6720
31	35.8871	41.4217	44.9853	48.2319	52.1914	55.0027
32	36.973	42.5847	46.1943	49.4804	53.4858	56.3281
33	38.0575	43.7452	47.3999	50.7251	54.7755	57.6484
34	39.1408	44.9032	48.6024	51.966	56.0609	58.9639
35	40.2228	46.0588	49.8018	53.2033	57.3421	60.2748
36	41.3036	47.2122	50.9985	54.4373	58.6192	61.5812
37	42.3833	48.3634	52.1923	55.6680	59.8925	62.8833
38	43.4619	49.5126	53.3835	56.8955	61.1621	64.1814
39	44.5395	50.6598	54.5722	58.1201	62.4281	65.4756
40	45.616	51.8051	55.7585	59.3417	63.6907	66.7660
41	46.6916	52.9485	56.9424	60.5606	64.9501	68.0527
42	47.7663	54.0902	58.1240	61.7768	66.2062	69.336
43	48.8400	55.2302	59.3035	62.9904	67.4593	70.6159
44	49.9129	56.3685	60.4809	64.2015	68.7095	71.8926
45	50.9849	57.5053	61.6562	65.4102	69.9568	73.1661

续表

n \ α	0.005	0.01	0.025	0.05	0.10	0.25
1	0.0000	0.0002	0.0010	0.0039	0.0158	0.1015
2	0.0100	0.0201	0.0506	0.1026	0.2107	0.5754
3	0.0717	0.1148	0.2158	0.3518	0.5844	1.2125
4	0.2070	0.2971	0.4844	0.7107	1.0636	1.9226
5	0.4117	0.5543	0.8312	1.1455	1.6103	2.6746
6	0.6757	0.8721	1.2373	1.6354	2.2041	3.4546
7	0.9893	1.2390	1.6899	2.1673	2.8331	4.2549
8	1.3444	1.6465	2.1797	2.7326	3.4895	5.0706
9	1.7349	2.0879	2.7004	3.3251	4.1682	5.8988
10	2.1559	2.5582	3.2470	3.9403	4.8652	6.7372
11	2.6032	3.0535	3.8157	4.5748	5.5778	7.5841
12	3.0738	3.5706	4.4038	5.2260	6.3038	8.4384
13	3.5650	4.1069	5.0088	5.8919	7.0415	9.2991
14	4.0747	4.6604	5.6287	6.5706	7.7895	10.1653
15	4.6009	5.2293	6.2621	7.2609	8.5468	11.0365
16	5.1422	5.8122	6.9077	7.9616	9.3122	11.9122
17	5.6972	6.4078	7.5642	8.6718	10.0852	12.7919
18	6.2648	7.0149	8.2307	9.3905	10.8649	13.6753
19	6.8440	7.6327	8.9065	10.117	11.6509	14.562
20	7.4338	8.2604	9.5908	10.8508	12.4426	15.4518
21	8.0337	8.8972	10.2829	11.5913	13.2396	16.3444
22	8.6427	9.5425	10.9823	12.338	14.0415	17.2396
23	9.2604	10.1957	11.6886	13.0905	14.848	18.1373
24	9.8862	10.8564	12.4012	13.8484	15.6587	19.0373
25	10.5197	11.5240	13.1197	14.6114	16.4734	19.9393
26	11.1602	12.1981	13.8439	15.3792	17.2919	20.8434
27	11.8076	12.8785	14.5734	16.1514	18.1139	21.7494
28	12.4613	13.5647	15.3079	16.9279	18.9392	22.6572
29	13.1211	14.2565	16.0471	17.7084	19.7677	23.5666
30	13.7867	14.9535	16.7908	18.4927	20.5992	24.4776
31	14.4578	15.6555	17.5387	19.2806	21.4336	25.3901
32	15.1340	16.3622	18.2908	20.0719	22.2706	26.3041
33	15.8153	17.0735	19.0467	20.8665	23.1102	27.2194
34	16.5013	17.7891	19.8063	21.6643	23.9523	28.1361
35	17.1918	18.5089	20.5694	22.4650	24.7967	29.0540
36	17.8867	19.2327	21.3359	23.2686	25.6433	29.9730
37	18.5858	19.9602	22.1056	24.0749	26.4921	30.8933
38	19.2889	20.6914	22.8785	24.8839	27.3430	31.8146
39	19.9959	21.4262	23.6543	25.6954	28.1958	32.7369
40	20.7065	22.1643	24.4330	26.5093	29.0505	33.6603
41	21.4208	22.9056	25.2145	27.3256	29.9071	34.5846
42	22.1385	23.6501	25.9987	28.1440	30.7654	35.5099
43	22.8595	24.3976	26.7854	28.9647	31.6255	36.4361
44	23.5837	25.1480	27.5746	29.7875	32.4871	37.3631
45	24.3110	25.9013	28.3662	30.6123	33.3504	38.2910

附表 5　F 分布常用分位数表

$$p(F \leqslant F_\alpha(n_1, n_2)) = \alpha$$

$$\alpha = 0.90$$

n_2 \ n_1	1	2	3	4	5	6	7	8	9	10
1	39.86	49.5	53.59	55.83	57.24	58.2	58.91	59.44	59.86	60.19
2	8.53	9.00	9.16	9.24	9.29	9.33	9.35	9.37	9.38	9.39
3	5.54	5.46	5.39	5.34	5.31	5.28	5.27	5.25	5.24	5.23
4	4.54	4.32	4.19	4.11	4.05	4.01	3.98	3.95	3.94	3.92
5	4.06	3.78	3.62	3.52	3.45	3.40	3.37	3.34	3.32	3.30
6	3.78	3.46	3.29	3.18	3.11	3.05	3.01	2.98	2.96	2.94
7	3.59	3.26	3.07	2.96	2.88	2.83	2.78	2.75	2.72	2.70
8	3.46	3.11	2.92	2.81	2.73	2.67	2.62	2.59	2.56	2.54
9	3.36	3.01	2.81	2.69	2.61	2.55	2.51	2.47	2.44	2.42
10	3.29	2.92	2.73	2.61	2.52	2.46	2.41	2.38	2.35	2.32
11	3.23	2.86	2.66	2.54	2.45	2.39	2.34	2.30	2.27	2.25
12	3.18	2.81	2.61	2.48	2.39	2.33	2.28	2.24	2.21	2.19
13	3.14	2.76	2.56	2.43	2.35	2.28	2.23	2.20	2.16	2.14
14	3.10	2.73	2.52	2.39	2.31	2.24	2.19	2.15	2.12	2.10
15	3.07	2.70	2.49	2.36	2.27	2.21	2.16	2.12	2.09	2.06
16	3.05	2.67	2.46	2.33	2.24	2.18	2.13	2.09	2.06	2.03
17	3.03	2.64	2.44	2.31	2.22	2.15	2.1	2.06	2.03	2.00
18	3.01	2.62	2.42	2.29	2.2	2.13	2.08	2.04	2.00	1.98
19	2.99	2.61	2.40	2.27	2.18	2.11	2.06	2.02	1.98	1.96
20	2.97	2.59	2.38	2.25	2.16	2.09	2.04	2.00	1.96	1.94
21	2.96	2.57	2.36	2.23	2.14	2.08	2.02	1.98	1.95	1.92
22	2.95	2.56	2.35	2.22	2.13	2.06	2.01	1.97	1.93	1.90
23	2.94	2.55	2.34	2.21	2.11	2.05	1.99	1.95	1.92	1.89
24	2.93	2.54	2.33	2.19	2.1	2.04	1.98	1.94	1.91	1.88
25	2.92	2.53	2.32	2.18	2.09	2.02	1.97	1.93	1.89	1.87
26	2.91	2.52	2.31	2.17	2.08	2.01	1.96	1.92	1.88	1.86
27	2.90	2.51	2.30	2.17	2.07	2.0	1.95	1.91	1.87	1.85
28	2.89	2.50	2.29	2.16	2.06	2.0	1.94	1.90	1.87	1.84
29	2.89	2.50	2.28	2.15	2.06	1.99	1.93	1.89	1.86	1.83
30	2.88	2.49	2.28	2.14	2.05	1.98	1.93	1.88	1.85	1.82
40	2.84	2.44	2.23	2.09	2.00	1.93	1.87	1.83	1.79	1.76
50	2.81	2.41	2.20	2.06	1.97	1.9	1.84	1.80	1.76	1.73
60	2.79	2.39	2.18	2.04	1.95	1.87	1.82	1.77	1.74	1.71
70	2.78	2.38	2.16	2.03	1.93	1.86	1.8	1.76	1.72	1.69
80	2.77	2.37	2.15	2.02	1.92	1.85	1.79	1.75	1.71	1.68
90	2.76	2.36	2.15	2.01	1.91	1.84	1.78	1.74	1.70	1.67
100	2.76	2.36	2.14	2.00	1.91	1.83	1.78	1.73	1.69	1.66
110	2.75	2.35	2.13	2.00	1.90	1.83	1.77	1.73	1.69	1.66
120	2.75	2.35	2.13	1.99	1.90	1.82	1.77	1.72	1.68	1.65
∞	2.71	2.30	2.08	1.94	1.85	1.77	1.72	1.67	1.63	1.60

续表

$\alpha = 0.90$

n_2 \ n_1	12	15	20	25	30	40	60	90	120	∞
1	60.71	61.22	61.74	62.05	62.26	62.53	62.79	62.97	63.06	63.33
2	9.41	9.42	9.44	9.45	9.46	9.47	9.47	9.48	9.48	9.49
3	5.22	5.20	5.18	5.17	5.17	5.16	5.15	5.15	5.14	5.13
4	3.90	3.87	3.84	3.83	3.82	3.80	3.79	3.78	3.78	3.76
5	3.27	3.24	3.21	3.19	3.17	3.16	3.14	3.13	3.12	3.10
6	2.90	2.87	2.84	2.81	2.80	2.78	2.76	2.75	2.74	2.72
7	2.67	2.63	2.59	2.57	2.56	2.54	2.51	2.5	2.49	2.47
8	2.50	2.46	2.42	2.40	2.38	2.36	2.34	2.32	2.32	2.29
9	2.38	2.34	2.30	2.27	2.25	2.23	2.21	2.19	2.18	2.16
10	2.28	2.24	2.20	2.17	2.16	2.13	2.11	2.09	2.08	2.06
11	2.21	2.17	2.12	2.10	2.08	2.05	2.03	2.01	2.00	1.97
12	2.15	2.10	2.06	2.03	2.01	1.99	1.96	1.94	1.93	1.90
13	2.10	2.05	2.01	1.98	1.96	1.93	1.90	1.89	1.88	1.85
14	2.05	2.01	1.96	1.93	1.91	1.89	1.86	1.84	1.83	1.8
15	2.02	1.97	1.92	1.89	1.87	1.85	1.82	1.80	1.79	1.76
16	1.99	1.94	1.89	1.86	1.84	1.81	1.78	1.76	1.75	1.72
17	1.96	1.91	1.86	1.83	1.81	1.78	1.75	1.73	1.72	1.69
18	1.93	1.89	1.84	1.80	1.78	1.75	1.72	1.70	1.69	1.66
19	1.91	1.86	1.81	1.78	1.76	1.73	1.70	1.68	1.67	1.63
20	1.89	1.84	1.79	1.76	1.74	1.71	1.68	1.65	1.64	1.61
21	1.87	1.83	1.78	1.74	1.72	1.69	1.66	1.63	1.62	1.59
22	1.86	1.81	1.76	1.73	1.70	1.67	1.64	1.62	1.60	1.57
23	1.84	1.80	1.74	1.71	1.69	1.66	1.62	1.60	1.59	1.55
24	1.83	1.78	1.73	1.70	1.67	1.64	1.61	1.58	1.57	1.53
25	1.82	1.77	1.72	1.68	1.66	1.63	1.59	1.57	1.56	1.52
26	1.81	1.76	1.71	1.67	1.65	1.61	1.58	1.56	1.54	1.50
27	1.80	1.75	1.70	1.66	1.64	1.60	1.57	1.54	1.53	1.49
28	1.79	1.74	1.69	1.65	1.63	1.59	1.56	1.53	1.52	1.48
29	1.78	1.73	1.68	1.64	1.62	1.58	1.55	1.52	1.51	1.47
30	1.77	1.72	1.67	1.63	1.61	1.57	1.54	1.51	1.50	1.46
40	1.71	1.66	1.61	1.57	1.54	1.51	1.47	1.44	1.42	1.38
50	1.68	1.63	1.57	1.53	1.50	1.46	1.42	1.39	1.38	1.33
60	1.66	1.60	1.54	1.50	1.48	1.44	1.40	1.36	1.35	1.29
70	1.64	1.59	1.53	1.49	1.46	1.42	1.37	1.34	1.32	1.27
80	1.63	1.57	1.51	1.47	1.44	1.40	1.36	1.33	1.31	1.24
90	1.62	1.56	1.50	1.46	1.43	1.39	1.35	1.31	1.29	1.23
100	1.61	1.56	1.49	1.45	1.42	1.38	1.34	1.30	1.28	1.21
110	1.61	1.55	1.49	1.45	1.42	1.37	1.33	1.29	1.27	1.20
120	1.60	1.55	1.48	1.44	1.41	1.37	1.32	1.28	1.26	1.19
∞	1.55	1.49	1.42	1.38	1.34	1.30	1.24	1.20	1.17	1.00

续表

$\alpha = 0.95$

n_2 \ n_1	1	2	3	4	5	6	7	8	9	10
1	161.45	199.50	215.71	224.58	230.16	233.99	236.77	238.88	240.54	241.88
2	18.51	19.00	19.16	19.25	19.3	19.33	19.35	19.37	19.38	19.4
3	10.13	9.55	9.28	9.12	9.01	8.94	8.89	8.85	8.81	8.79
4	7.71	6.94	6.59	6.39	6.26	6.16	6.09	6.04	6.00	5.96
5	6.61	5.79	5.41	5.19	5.05	4.95	4.88	4.82	4.77	4.74
6	5.99	5.14	4.76	4.53	4.39	4.28	4.21	4.15	4.10	4.06
7	5.59	4.74	4.35	4.12	3.97	3.87	3.79	3.73	3.68	3.64
8	5.32	4.46	4.07	3.84	3.69	3.58	3.50	3.44	3.39	3.35
9	5.12	4.26	3.86	3.63	3.48	3.37	3.29	3.23	3.18	3.14
10	4.96	4.10	3.71	3.48	3.33	3.22	3.14	3.07	3.02	2.98
11	4.84	3.98	3.59	3.36	3.20	3.09	3.01	2.95	2.90	2.85
12	4.75	3.89	3.49	3.26	3.11	3.00	2.91	2.85	2.80	2.75
13	4.67	3.81	3.41	3.18	3.03	2.92	2.83	2.77	2.71	2.67
14	4.60	3.74	3.34	3.11	2.96	2.85	2.76	2.70	2.65	2.60
15	4.54	3.68	3.29	3.06	2.90	2.79	2.71	2.64	2.59	2.54
16	4.49	3.63	3.24	3.01	2.85	2.74	2.66	2.59	2.54	2.49
17	4.45	3.59	3.20	2.96	2.81	2.70	2.61	2.55	2.49	2.45
18	4.41	3.55	3.16	2.93	2.77	2.66	2.58	2.51	2.46	2.41
19	4.38	3.52	3.13	2.90	2.74	2.63	2.54	2.48	2.42	2.38
20	4.35	3.49	3.10	2.87	2.71	2.60	2.51	2.45	2.39	2.35
21	4.32	3.47	3.07	2.84	2.68	2.57	2.49	2.42	2.37	2.32
22	4.30	3.44	3.05	2.82	2.66	2.55	2.46	2.40	2.34	2.30
23	4.28	3.42	3.03	2.80	2.64	2.53	2.44	2.37	2.32	2.27
24	4.26	3.40	3.01	2.78	2.62	2.51	2.42	2.36	2.30	2.25
25	4.24	3.39	2.99	2.76	2.60	2.49	2.40	2.34	2.28	2.24
26	4.23	3.37	2.98	2.74	2.59	2.47	2.39	2.32	2.27	2.22
27	4.21	3.35	2.96	2.73	2.57	2.46	2.37	2.31	2.25	2.20
28	4.2	3.34	2.95	2.71	2.56	2.45	2.36	2.29	2.24	2.19
29	4.18	3.33	2.93	2.70	2.55	2.43	2.35	2.28	2.22	2.18
30	4.17	3.32	2.92	2.69	2.53	2.42	2.33	2.27	2.21	2.16
40	4.08	3.23	2.84	2.61	2.45	2.34	2.25	2.18	2.12	2.08
50	4.03	3.18	2.79	2.56	2.40	2.29	2.20	2.13	2.07	2.03
60	4.00	3.15	2.76	2.53	2.37	2.25	2.17	2.10	2.04	1.99
70	3.98	3.13	2.74	2.50	2.35	2.23	2.14	2.07	2.02	1.97
80	3.96	3.11	2.72	2.49	2.33	2.21	2.13	2.06	2.00	1.95
90	3.95	3.10	2.71	2.47	2.32	2.20	2.11	2.04	1.99	1.94
100	3.94	3.09	2.70	2.46	2.31	2.19	2.10	2.03	1.97	1.93
110	3.93	3.08	2.69	2.45	2.30	2.18	2.09	2.02	1.97	1.92
120	3.92	3.07	2.68	2.45	2.29	2.18	2.09	2.02	1.96	1.91
∞	3.84	3.00	2.60	2.37	2.21	2.10	2.01	1.94	1.88	1.83

续表

$\alpha = 0.95$

n_2 \ n_1	12	15	20	25	30	40	60	90	120	∞
1	243.91	245.95	248.01	249.26	250.10	251.14	252.20	252.90	253.25	254.25
2	19.41	19.43	19.45	19.46	19.46	19.47	19.48	19.48	19.49	19.50
3	8.74	8.70	8.66	8.63	8.62	8.59	8.57	8.56	8.55	8.53
4	5.91	5.86	5.80	5.77	5.75	5.72	5.69	5.67	5.66	5.63
5	4.68	4.62	4.56	4.52	4.50	4.46	4.43	4.41	4.40	4.37
6	4.00	3.94	3.87	3.83	3.81	3.77	3.74	3.72	3.70	3.67
7	3.57	3.51	3.44	3.40	3.38	3.34	3.30	3.28	3.27	3.23
8	3.28	3.22	3.15	3.11	3.08	3.04	3.01	2.98	2.97	2.93
9	3.07	3.01	2.94	2.89	2.86	2.83	2.79	2.76	2.75	2.71
10	2.91	2.85	2.77	2.73	2.70	2.66	2.62	2.59	2.58	2.54
11	2.79	2.72	2.65	2.60	2.57	2.53	2.49	2.46	2.45	2.40
12	2.69	2.62	2.54	2.50	2.47	2.43	2.38	2.36	2.34	2.30
13	2.60	2.53	2.46	2.41	2.38	2.34	2.30	2.27	2.25	2.21
14	2.53	2.46	2.39	2.34	2.31	2.27	2.22	2.19	2.18	2.13
15	2.48	2.40	2.33	2.28	2.25	2.20	2.16	2.13	2.11	2.07
16	2.42	2.35	2.28	2.23	2.19	2.15	2.11	2.07	2.06	2.01
17	2.38	2.31	2.23	2.18	2.15	2.10	2.06	2.03	2.01	1.96
18	2.34	2.27	2.19	2.14	2.11	2.06	2.02	1.98	1.97	1.92
19	2.31	2.23	2.16	2.11	2.07	2.03	1.98	1.95	1.93	1.88
20	2.28	2.20	2.12	2.07	2.04	1.99	1.95	1.91	1.90	1.84
21	2.25	2.18	2.10	2.05	2.01	1.96	1.92	1.88	1.87	1.81
22	2.23	2.15	2.07	2.02	1.98	1.94	1.89	1.86	1.84	1.78
23	2.20	2.13	2.05	2.00	1.96	1.91	1.86	1.83	1.81	1.76
24	2.18	2.11	2.03	1.97	1.94	1.89	1.84	1.81	1.79	1.73
25	2.16	2.09	2.01	1.96	1.92	1.87	1.82	1.79	1.77	1.71
26	2.15	2.07	1.99	1.94	1.90	1.85	1.80	1.77	1.75	1.69
27	2.13	2.06	1.97	1.92	1.88	1.84	1.79	1.75	1.73	1.67
28	2.12	2.04	1.96	1.91	1.87	1.82	1.77	1.73	1.71	1.65
29	2.10	2.03	1.94	1.89	1.85	1.81	1.75	1.72	1.70	1.64
30	2.09	2.01	1.93	1.88	1.84	1.79	1.74	1.70	1.68	1.62
40	2.00	1.92	1.84	1.78	1.74	1.69	1.64	1.60	1.58	1.51
50	1.95	1.87	1.78	1.73	1.69	1.63	1.58	1.53	1.51	1.44
60	1.92	1.84	1.75	1.69	1.65	1.59	1.53	1.49	1.47	1.39
70	1.89	1.81	1.72	1.66	1.62	1.57	1.50	1.46	1.44	1.35
80	1.88	1.79	1.70	1.64	1.6	1.54	1.48	1.44	1.41	1.32
90	1.86	1.78	1.69	1.63	1.59	1.53	1.46	1.42	1.39	1.30
100	1.85	1.77	1.68	1.62	1.57	1.52	1.45	1.40	1.38	1.28
110	1.84	1.76	1.67	1.61	1.56	1.50	1.44	1.39	1.36	1.27
120	1.83	1.75	1.66	1.60	1.55	1.50	1.43	1.38	1.35	1.25
∞	1.75	1.67	1.57	1.51	1.46	1.39	1.32	1.26	1.22	1.00

续表

$\alpha = 0.975$

n_2 \ n_1	1	2	3	4	5	6	7	8	9	10
1	647.79	799.5	864.16	899.58	921.85	937.11	948.22	956.66	963.28	968.63
2	38.51	39.00	39.17	39.25	39.3	39.33	39.36	39.37	39.39	39.40
3	17.44	16.04	15.44	15.10	14.88	14.73	14.62	14.54	14.47	14.42
4	12.22	10.65	9.98	9.60	9.36	9.20	9.07	8.98	8.90	8.84
5	10.01	8.43	7.76	7.39	7.15	6.98	6.85	6.76	6.68	6.62
6	8.81	7.26	6.60	6.23	5.99	5.82	5.70	5.60	5.52	5.46
7	8.07	6.54	5.89	5.52	5.29	5.12	4.99	4.90	4.82	4.76
8	7.57	6.06	5.42	5.05	4.82	4.65	4.53	4.43	4.36	4.30
9	7.21	5.71	5.08	4.72	4.48	4.32	4.20	4.10	4.03	3.96
10	6.94	5.46	4.83	4.47	4.24	4.07	3.95	3.85	3.78	3.72
11	6.72	5.26	4.63	4.28	4.04	3.88	3.76	3.66	3.59	3.53
12	6.55	5.10	4.47	4.12	3.89	3.73	3.61	3.51	3.44	3.37
13	6.41	4.97	4.35	4.00	3.77	3.60	3.48	3.39	3.31	3.25
14	6.30	4.86	4.24	3.89	3.66	3.50	3.38	3.29	3.21	3.15
15	6.20	4.77	4.15	3.80	3.58	3.41	3.29	3.20	3.12	3.06
16	6.12	4.69	4.08	3.73	3.50	3.34	3.22	3.12	3.05	2.99
17	6.04	4.62	4.01	3.66	3.44	3.28	3.16	3.06	2.98	2.92
18	5.98	4.56	3.95	3.61	3.38	3.22	3.10	3.01	2.93	2.87
19	5.92	4.51	3.90	3.56	3.33	3.17	3.05	2.96	2.88	2.82
20	5.87	4.46	3.86	3.51	3.29	3.13	3.01	2.91	2.84	2.77
21	5.83	4.42	3.82	3.48	3.25	3.09	2.97	2.87	2.80	2.73
22	5.79	4.38	3.78	3.44	3.22	3.05	2.93	2.84	2.76	2.7
23	5.75	4.35	3.75	3.41	3.18	3.02	2.9	2.81	2.73	2.67
24	5.72	4.32	3.72	3.38	3.15	2.99	2.87	2.78	2.70	2.64
25	5.69	4.29	3.69	3.35	3.13	2.97	2.85	2.75	2.68	2.61
26	5.66	4.27	3.67	3.33	3.10	2.94	2.82	2.73	2.65	2.59
27	5.63	4.24	3.65	3.31	3.08	2.92	2.80	2.71	2.63	2.57
28	5.61	4.22	3.63	3.29	3.06	2.90	2.78	2.69	2.61	2.55
29	5.59	4.20	3.61	3.27	3.04	2.88	2.76	2.67	2.59	2.53
30	5.57	4.18	3.59	3.25	3.03	2.87	2.75	2.65	2.57	2.51
40	5.42	4.05	3.46	3.13	2.90	2.74	2.62	2.53	2.45	2.39
50	5.34	3.97	3.39	3.05	2.83	2.67	2.55	2.46	2.38	2.32
60	5.29	3.93	3.34	3.01	2.79	2.63	2.51	2.41	2.33	2.27
70	5.25	3.89	3.31	2.97	2.75	2.59	2.47	2.38	2.30	2.24
80	5.22	3.86	3.28	2.95	2.73	2.57	2.45	2.35	2.28	2.21
90	5.20	3.84	3.26	2.93	2.71	2.55	2.43	2.34	2.26	2.19
100	5.18	3.83	3.25	2.92	2.70	2.54	2.42	2.32	2.24	2.18
110	5.16	3.82	3.24	2.9	2.68	2.53	2.40	2.31	2.23	2.17
120	5.15	3.80	3.23	2.89	2.67	2.52	2.39	2.30	2.22	2.16
∞	5.02	3.69	3.12	2.79	2.57	2.41	2.29	2.19	2.11	2.05

续表

$\alpha = 0.975$

n_2 \ n_1	12	15	20	25	30	40	60	90	120	∞
1	976.71	984.87	993.1	998.08	1001.4	1005.6	1009.8	1012.6	1014	1018
2	39.41	39.43	39.45	39.46	39.46	39.47	39.48	39.49	39.49	39.5
3	14.34	14.25	14.17	14.12	14.08	14.04	13.99	13.96	13.95	13.9
4	8.75	8.66	8.56	8.50	8.46	8.41	8.36	8.33	8.31	8.26
5	6.52	6.43	6.33	6.27	6.23	6.18	6.12	6.09	6.07	6.02
6	5.37	5.27	5.17	5.11	5.07	5.01	4.96	4.92	4.90	4.85
7	4.67	4.57	4.47	4.40	4.36	4.31	4.25	4.22	4.20	4.14
8	4.20	4.10	4.00	3.94	3.89	3.84	3.78	3.75	3.73	3.67
9	3.87	3.77	3.67	3.60	3.56	3.51	3.45	3.41	3.39	3.33
10	3.62	3.52	3.42	3.35	3.31	3.26	3.2	3.16	3.14	3.08
11	3.43	3.33	3.23	3.16	3.12	3.06	3.00	2.96	2.94	2.88
12	3.28	3.18	3.07	3.01	2.96	2.91	2.85	2.81	2.79	2.72
13	3.15	3.05	2.95	2.88	2.84	2.78	2.72	2.68	2.66	2.60
14	3.05	2.95	2.84	2.78	2.73	2.67	2.61	2.57	2.55	2.49
15	2.96	2.86	2.76	2.69	2.64	2.59	2.52	2.48	2.46	2.40
16	2.89	2.79	2.68	2.61	2.57	2.51	2.45	2.40	2.38	2.32
17	2.82	2.72	2.62	2.55	2.50	2.44	2.38	2.34	2.32	2.25
18	2.77	2.67	2.56	2.49	2.44	2.38	2.32	2.28	2.26	2.19
19	2.72	2.62	2.51	2.44	2.39	2.33	2.27	2.23	2.20	2.13
20	2.68	2.57	2.46	2.4	2.35	2.29	2.22	2.18	2.16	2.09
21	2.64	2.53	2.42	2.36	2.31	2.25	2.18	2.14	2.11	2.04
22	2.60	2.50	2.39	2.32	2.27	2.21	2.14	2.10	2.08	2.00
23	2.57	2.47	2.36	2.29	2.24	2.18	2.11	2.07	2.04	1.97
24	2.54	2.44	2.33	2.26	2.21	2.15	2.08	2.03	2.01	1.94
25	2.51	2.41	2.30	2.23	2.18	2.12	2.05	2.01	1.98	1.91
26	2.49	2.39	2.28	2.21	2.16	2.09	2.03	1.98	1.95	1.88
27	2.47	2.36	2.25	2.18	2.13	2.07	2.00	1.95	1.93	1.85
28	2.45	2.34	2.23	2.16	2.11	2.05	1.98	1.93	1.91	1.83
29	2.43	2.32	2.21	2.14	2.09	2.03	1.96	1.91	1.89	1.81
30	2.41	2.31	2.20	2.12	2.07	2.01	1.94	1.89	1.87	1.79
40	2.29	2.18	2.07	1.99	1.94	1.88	1.80	1.75	1.72	1.64
50	2.22	2.11	1.99	1.92	1.87	1.80	1.72	1.67	1.64	1.55
60	2.17	2.06	1.94	1.87	1.82	1.74	1.67	1.61	1.58	1.48
70	2.14	2.03	1.91	1.83	1.78	1.71	1.63	1.57	1.54	1.44
80	2.11	2.00	1.88	1.81	1.75	1.68	1.60	1.54	1.51	1.40
90	2.09	1.98	1.86	1.79	1.73	1.66	1.58	1.52	1.48	1.37
100	2.08	1.97	1.85	1.77	1.71	1.64	1.56	1.5	1.46	1.35
110	2.07	1.96	1.84	1.76	1.70	1.63	1.54	1.48	1.45	1.33
120	2.05	1.94	1.82	1.75	1.69	1.61	1.53	1.47	1.43	1.31
∞	1.94	1.83	1.71	1.63	1.57	1.48	1.39	1.31	1.27	1.00

续表

$\alpha = 0.99$

n_1 / n_2	1	2	3	4	5	6	7	8	9	10
1	4052.18	4999.5	5403.4	5624.6	5763.7	5859	5928.4	5981.1	6022.5	6055.9
2	98.5	99	99.17	99.25	99.3	99.33	99.36	99.37	99.39	99.4
3	34.12	30.82	29.46	28.71	28.24	27.91	27.67	27.49	27.35	27.23
4	21.2	18	16.69	15.98	15.52	15.21	14.98	14.8	14.66	14.55
5	16.26	13.27	12.06	11.39	10.97	10.67	10.46	10.29	10.16	10.05
6	13.75	10.92	9.78	9.15	8.75	8.47	8.26	8.1	7.98	7.87
7	12.25	9.55	8.45	7.85	7.46	7.19	6.99	6.84	6.72	6.62
8	11.26	8.65	7.59	7.01	6.63	6.37	6.18	6.03	5.91	5.81
9	10.56	8.02	6.99	6.42	6.06	5.8	5.61	5.47	5.35	5.26
10	10.04	7.56	6.55	5.99	5.64	5.39	5.2	5.06	4.94	4.85
11	9.65	7.21	6.22	5.67	5.32	5.07	4.89	4.74	4.63	4.54
12	9.33	6.93	5.95	5.41	5.06	4.82	4.64	4.5	4.39	4.3
13	9.07	6.7	5.74	5.21	4.86	4.62	4.44	4.3	4.19	4.1
14	8.86	6.51	5.56	5.04	4.69	4.46	4.28	4.14	4.03	3.94
15	8.68	6.36	5.42	4.89	4.56	4.32	4.14	4	3.89	3.8
16	8.53	6.23	5.29	4.77	4.44	4.2	4.03	3.89	3.78	3.69
17	8.4	6.11	5.18	4.67	4.34	4.1	3.93	3.79	3.68	3.59
18	8.29	6.01	5.09	4.58	4.25	4.01	3.84	3.71	3.6	3.51
19	8.18	5.93	5.01	4.5	4.17	3.94	3.77	3.63	3.52	3.43
20	8.1	5.85	4.94	4.43	4.1	3.87	3.7	3.56	3.46	3.37
21	8.02	5.78	4.87	4.37	4.04	3.81	3.64	3.51	3.4	3.31
22	7.95	5.72	4.82	4.31	3.99	3.76	3.59	3.45	3.35	3.26
23	7.88	5.66	4.76	4.26	3.94	3.71	3.54	3.41	3.3	3.21
24	7.82	5.61	4.72	4.22	3.9	3.67	3.5	3.36	3.26	3.17
25	7.77	5.57	4.68	4.18	3.85	3.63	3.46	3.32	3.22	3.13
26	7.72	5.53	4.64	4.14	3.82	3.59	3.42	3.29	3.18	3.09
27	7.68	5.49	4.6	4.11	3.78	3.56	3.39	3.26	3.15	3.06
28	7.64	5.45	4.57	4.07	3.75	3.53	3.36	3.23	3.12	3.03
29	7.6	5.42	4.54	4.04	3.73	3.5	3.33	3.2	3.09	3
30	7.56	5.39	4.51	4.02	3.7	3.47	3.3	3.17	3.07	2.98
40	7.31	5.18	4.31	3.83	3.51	3.29	3.12	2.99	2.89	2.8
50	7.17	5.06	4.2	3.72	3.41	3.19	3.02	2.89	2.78	2.7
60	7.08	4.98	4.13	3.65	3.34	3.12	2.95	2.82	2.72	2.63
70	7.01	4.92	4.07	3.6	3.29	3.07	2.91	2.78	2.67	2.59
80	6.96	4.88	4.04	3.56	3.26	3.04	2.87	2.74	2.64	2.55
90	6.93	4.85	4.01	3.53	3.23	3.01	2.84	2.72	2.61	2.52
100	6.9	4.82	3.98	3.51	3.21	2.99	2.82	2.69	2.59	2.5
110	6.87	4.8	3.96	3.49	3.19	2.97	2.81	2.68	2.57	2.49
120	6.85	4.79	3.95	3.48	3.17	2.96	2.79	2.66	2.56	2.47
∞	2.27	4.31	3.58	3.16	2.89	2.69	2.63	2.50	2.40	2.31

续表

$\alpha = 0.99$

n_2 \ n_1	12	15	20	25	30	40	60	90	120	∞
1	6106.3	6157.3	6208.7	6239.8	6260.7	6286.8	6313	6330.6	6339.4	6364
2	99.42	99.43	99.45	99.46	99.47	99.47	99.48	99.49	99.49	99.50
3	27.05	26.87	26.69	26.58	26.5	26.41	26.32	26.25	26.22	26.13
4	14.37	14.2	14.02	13.91	13.84	13.75	13.65	13.59	13.56	13.47
5	9.89	9.72	9.55	9.45	9.38	9.29	9.2	9.14	9.11	9.03
6	7.72	7.56	7.4	7.3	7.23	7.14	7.06	7	6.97	6.89
7	6.47	6.31	6.16	6.06	5.99	5.91	5.82	5.77	5.74	5.65
8	5.67	5.52	5.36	5.26	5.2	5.12	5.03	4.97	4.95	4.86
9	5.11	4.96	4.81	4.71	4.65	4.57	4.48	4.43	4.40	3.32
10	4.71	4.56	4.41	4.31	4.25	4.17	4.08	4.03	4.00	3.91
11	4.4	4.25	4.1	4.01	3.94	3.86	3.78	3.72	3.69	3.60
12	4.16	4.01	3.86	3.76	3.7	3.62	3.54	3.48	3.45	3.37
13	3.96	3.82	3.66	3.57	3.51	3.43	3.34	3.28	3.25	3.17
14	3.8	3.66	3.51	3.41	3.35	3.27	3.18	3.12	3.09	3.00
15	3.67	3.52	3.37	3.28	3.21	3.13	3.05	2.99	2.96	2.87
16	3.55	3.41	3.26	3.16	3.1	3.02	2.93	2.87	2.84	2.75
17	3.46	3.31	3.16	3.07	3	2.92	2.83	2.78	2.75	2.65
18	3.37	3.23	3.08	2.98	2.92	2.84	2.75	2.69	2.66	2.57
19	3.3	3.15	3	2.91	2.84	2.76	2.67	2.61	2.58	2.49
20	3.23	3.09	2.94	2.84	2.78	2.69	2.61	2.55	2.52	2.42
21	3.17	3.03	2.88	2.79	2.72	2.64	2.55	2.49	2.46	2.36
22	3.12	2.98	2.83	2.73	2.67	2.58	2.5	2.43	2.4	2.31
23	3.07	2.93	2.78	2.69	2.62	2.54	2.45	2.39	2.35	2.26
24	3.03	2.89	2.74	2.64	2.58	2.49	2.4	2.34	2.31	2.21
25	2.99	2.85	2.7	2.6	2.54	2.45	2.36	2.3	2.27	2.17
26	2.96	2.81	2.66	2.57	2.5	2.42	2.33	2.26	2.23	2.13
27	2.93	2.78	2.63	2.54	2.47	2.38	2.29	2.23	2.2	2.10
28	2.9	2.75	2.6	2.51	2.44	2.35	2.26	2.2	2.17	2.06
29	2.87	2.73	2.57	2.48	2.41	2.33	2.23	2.17	2.14	2.03
30	2.84	2.7	2.55	2.45	2.39	2.3	2.21	2.14	2.11	2.01
40	2.66	2.52	2.37	2.27	2.2	2.11	2.02	1.95	1.92	1.8
50	2.56	2.42	2.27	2.17	2.1	2.01	1.91	1.84	1.8	1.67
60	2.5	2.35	2.2	2.1	2.03	1.94	1.84	1.76	1.73	1.59
70	2.45	2.31	2.15	2.05	1.98	1.89	1.78	1.71	1.67	1.53
80	2.42	2.27	2.12	2.01	1.94	1.85	1.75	1.67	1.63	1.49
90	2.39	2.24	2.09	1.99	1.92	1.82	1.72	1.64	1.6	1.46
100	2.37	2.22	2.07	1.97	1.89	1.8	1.69	1.61	1.57	1.43
110	2.35	2.21	2.05	1.95	1.88	1.78	1.67	1.59	1.55	1.40
120	2.34	2.19	2.03	1.93	1.86	1.76	1.66	1.58	1.53	1.38
∞	2.18	2.03	1.87	1.77	1.69	1.59	1.47	1.38	1.32	1.00